Wege zu alten Bäumen

Band 11 – Sachsen

Das Kuratorium „Alte liebenswerte Bäume in Deutschland e.V." hat sich die Aufgabe gestellt, in einer Welt zunehmender Umweltzerstörung Baumveteranen als Kultur- und Naturdenkmale zu pflegen und zu erhalten.

Mit dem vorliegenden Buch halten Sie den 11. Band aus der Reihe „Wege zu alten Bäumen" in den Händen.

Für jeden Band dieser Reihe ist die Recherche, das Erfassen der alten Bäume im Land, eine aufwendige, arbeits- und zeitintensive Tätigkeit. Da ich mich mit dem Land Sachsen, seiner Wirtschaft und seiner Bevölkerung besonders verbunden fühle, habe ich es übernommen, diese grundlegenden Untersuchungen finanziell zu tragen.

So sehe ich meine Hilfe bei der Produktion dieses Buches als Dank für die Unterstützung an, die mir bei meinem Bemühen um Unternehmenssanierungen im Lande Sachsen zuteil wurde.

Rechtsanwalt Dr. Wilhelm Andreas Schaaf
Präsident des Kuratoriums
„Alte liebenswerte Bäume in Deutschland e.V."

Hans Joachim Fröhlich

Wege zu alten Bäumen

Band 11 – Sachsen

Kuratorium
„Alte liebenswerte Bäume
in Deutschland“ e.V.
Wiesbaden

WDV Wirtschaftsdienst OHG

Gestaltung: KES München,
Michael Ewerbeck und
Dieter Strothmann.
Generalkarte Mairs Geografischer
Verlag Stuttgart,
Blatt 34, 35, 36, 37
Lithographie:
Multi-Creativ-Repro GmbH,
Holzkirchen
Gesamtherstellung:
Sebald Sachsendruck, Plauen
ISBN: 3-926181-25-7, 1994

Bäume auf nicht öffentlich zugänglichem Privatgrundbesitz bedürfen bei Besichtigung der Zustimmung des Eigentümers.

Titelbild:Katalog Nr. 235
Buche bei Fürstenau

Über dieses Buch

Sachsen übt einen besonderen Reiz auf Baumfreunde aus, den auch ich vor fast vier Jahrzehnten erstmals empfand. Damals war ich mit wissenschaftlichen Arbeiten über Genetik und Züchtung der Waldbäume beschäftigt und hatte viel mit der Forschungsanstalt für Forstgenetik und Forstpflanzenzüchtung in Graupa bei Dresden zu tun, lernte die Arbeiten und Menschen kennen und schätzen und sah viele Bäume, darunter auch solche wie die alte Eiche in Graupa. Die Grenzen wurden enger, die Begegnungen schwieriger, die Verbindungen versteckter.

Erst in den achtziger Jahren konnte ich mühsam und fast heimlich wieder alte Baumveteranen für mein Buch „Alte liebenswerte Bäume in Deutschland" erfassen und fotografieren. Es war schon tief traurig, wenn mich Kollegen, die man durch wissenschaftliche Veröffentlichungen und Korrespondenzen kennengelernt hatte, nicht in ihren Instituten oder Amtsstuben empfangen konnten, sondern Treffpunkte an neutralen Orten vorschlagen mußten. Auch ihre Begleitung zu alten Bäumen blieb geheim.

Einige Jahre später, noch vor der Wende, – das Kuratorium war bereits aktiv und bekannt – konnte ich in Tharandt, der Stadt der Forstwissenschaften, auf einem internationalen Kolloquium über „Hilfe für alte Bäume“ referieren und fand große Resonanz sowohl im östlichen Teil Deutschlands als auch in den Staaten Osteuropas. Das Versteckspielen früherer Jahre wurde durch junge aktive Wissenschaftsassistenten wieder geistig und seelisch ausgeglichen, die mich spontan und ganz offen zu einigen alten Bäumen des Tharandter Waldes führten. Bäume verbinden doch Menschen!

Bei meinen sächsischen Wanderungen haben mich zwei Persönlichkeiten besonders angesprochen, die große Baumfreunde waren:

August der Starke hat allein mit seinen Alleen nach und um Moritzburg und bei Pillnitz ein lebendes Denkmal gepflanzt, das den Schlössern nicht nachsteht. Die interessanten Parkanlagen und die Baumpersönlichkeiten um seine Herrschaftssitze machen das Bild noch lebendiger und bunter.

Ganz besonders hat mich der Großmeister der Parkgestaltung in seinen Bann gezogen – Hermann Fürst Pückler. Den Park in Bad Muskau zu durchstreifen, seine Pläne und Gedanken nachzuzeichnen und seine Solitärbäume und Baumgruppen in sich aufzunehmen, ist und bleibt ein Erlebnis. Das kurz nach dem Krieg ausgebrannte Schloß wirkt mit seinen angekohlten Mauern gegenüber der grünen Fülle, Vitalität und Erhabenheit wie ein forderndes Mahnmal. Noch trauriger wird der Mensch, wenn er am Ufer der Neiße steht, die Pfeilerstümpfe der abgebrochenen Brücke erkennt und in den östlichen Teil des Parkes über den Fluß schaut, der sich nur als Wildnis präsentiert und mir verschlossen blieb.

Erst bei den Restaufnahmen zu diesem Buch hat mich ein liebenswerter Kollege über die Neiße geführt und mir den Park gezeigt, der nichts mehr von der Gestaltungskraft des Fürsten Pückler erkennen läßt. Selbst seine geliebte Hermannseiche ist ausgebrannt, aber einige der alten Recken stehen noch einsam und unbeachtet in der nachdrängenden wilden Verjüngung.

Wenn man ein wenig den abenteuerlichen Lebensweg des Fürsten verfolgen konnte, dann entspricht gerade die Zweiteilung des Muskauer Parkes so sehr seinem Wesen; ein Teil – der kleinere – gepflegt und höfisch, der andere wild, stürmisch und unbezähmbar, alt neben jung, kerzengerade neben krumm, gesund neben krank.

Die Bäume dieses Buches wurden nach folgenden Grundsätzen ausgewählt, wobei es ganz klar ist, daß viele Lücken bleiben und manch alter Recke nicht erfaßt wurde (die

Lücke in der Natur ist etwas Notwendiges und Fruchtbares):

- hohes Alter, das weit über das wirtschaftliche Nutzungsalter hinausgeht,
- besondere Größe und Gestalt, so daß die Bäume in Höhe und Stammdurchmesser die normal bekannten Ausmaße überschreiten und durch Wuchs- und Erscheinungsformen eine imponierende Gestalt einnehmen,
- besondere Wuchsformen, die vom Normalbau der Baumart erheblich abweichen, z. B. bizarre Gestalten, Verwachsungen, mächtig ausladende Kronen, Mutationen wie ahornblättrige Esche o.ä.,
- historische Hintergründe, z. B. Gerichts-, Galgen- und Opferbäume oder Beziehungspunkte zu geschichtlichen Ereignissen,
- Seltenheit, seltene Arten mit herausragender Wuchsleistung oder besonderer Schönheit wie alte Eiben, Elsbeeren, Speierlinge oder Wildobstarten.

Besonders erstrebenswert sind Kombinationen der verschiedenen Typen.

Die Sammlung wurde wiederum von Nord nach Süd, getrennt nach Landkreisen und kreisfreien Städten aufgebaut und kartenmäßig festgehalten. Ein Ortsregister erleichtert das Auffinden.

Sollten Sie Fragen haben, so wenden Sie sich an die Schutzgemeinschaft Deutscher Wald, ihre Kreis- und Ortsverbände oder an die Naturschutzbehörden und an die Forstdienststellen. Sie werden Ihnen gerne helfen.

Zentrale Ansprechpartner:
Schutzgemeinschaft Deutscher Wald, Landesverband Sachsen, Staatliche Fortbildungsstätte für Forsten, Dippoldiswalder Straße 13, 01734 Karsdorf, Tel.: 03504/617643 (auch Fax)

Kuratorium Alte liebenswerte Bäume in Deutschland e.V., Wandersmannstraße 60, 65205 Wiesbaden, Telefon: 0611/71 14 71, Telefax: 0611/71 32 68.

Inhaltsverzeichnis

Der Baum als Symbol

Baumrecken zwingen Ehrfurcht ab und lassen Geschichte lebendig, Gegenwart wichtig und Zukunft lebenswert erscheinen. Sie können Freunde des Menschen werden, uns viel sagen, vor allem Natur und Schöpfung uns nahebringen, zum Nachdenken anregen, die Alltagshektik dämpfen und zudem auch Freude ausstrahlen und Lebensmut geben.
Alte Bäume sollen auch Mahner sein, die Gesetze der Natur zu erkennen und zu wahren und das Leben nicht nur unter technischen oder materiellen Aspekten zu sehen. Sie sollen uns Kraft und Hoffnung geben, die Zukunft zu meistern, das Spannungsfeld zwischen Ökonomie und Ökologie in Einklang zu bringen, mit Tatkraft nach vorne zu wirken, frei vom Augenblick mit guten Zielen und Wegen.

Schließen wir uns Hermann Hesse an:

„Bäume sind Heiligtümer. Wer mit ihnen zu sprechen, wer ihnen zuzuhören weiß, der erfährt die Wahrheit. Sie predigen nicht Lehren und Rezepte, sie predigen, um das einzelne unbekümmert, das Urgesetz des Lebens".

Freunde brauchen die Bäume mehr denn je, da der Wald unter der Unvernunft des Menschen leidet und mancherorts schon stirbt. Vielleicht gibt es schon bald keine Baumveteranen mehr, jene mächtigen, starken Gestalten, die jahrhundertelang Sturm, Regen, Eis und Hitze getrotzt haben und nun in ganz kurzer Zeit von dem Ausstoß der Fabriken, Heizkraftwerke, unserer Häuser und Autos krank werden.

Man muß mit Kurt Tucholsky fragen:

„Ein alter Baum ist ein Stückchen Leben. Er beruhigt. Er erinnert. Er setzt das sinnlos heraufgeschraubte Tempo herab, mit dem man unter großem Geklapper am Ort bleibt. Und diese alten Bäume sollen dahingehen, sie, die nicht von heute auf morgen nachwachsen? Die man nicht „Nachliefern" kann?"

Einen alten Baum kann der Mensch nicht ersetzen. Seine Persönlichkeit wurde in Jahrhunderten geprägt und entsteht nie wieder. Häuser, Schlösser oder auch Dome lassen sich rekonstruieren. Ein Baum läßt sich nicht zwingen und auch bei bester menschlicher Technik nicht wieder aufbauen.

In Heiligen Bäumen werden Gottheiten verehrt und die Beziehungen zu ihnen aufgenommen. Ein solcher Baum wird bereits 2000 Jahre vor Christus im Gilgamesch-Epos als Zeder beschrieben. Buddha liebte den Feigenbaum, unter dem er geboren und später erleuchtet wurde, Gott Zeus war mit der Eiche und seine Frau Hera mit dem Granatapfel, Apollo mit dem Lorbeer und Artemis mit dem Nußbaum verbunden.

Heilige Bäume

Jahrhundertelang wurde in Deutschland unter Bäumen gerichtet. Der meist verbreitete Gerichtsbaum war die Linde, in der die Göttin Freia mit der Kraft der Weissagung lebte. Auch die Eiche wurde als Gerichtsbaum ausgewählt, oft in anderen Gegenden oder zu anderen Gerichten.

Gerichtsbaum

Heute noch gebräuchlich sind der Maibaum – Erwachen der Natur und Fruchtbarkeit, der Richtbaum – Segen für das Haus, der Christbaum – Weihnachtssymbol und der Tanz- oder Dorfbaum als Zeichen der Gemeinschaft. Immer erhoffen die Menschen sich Kraft, Zuversicht und Freude von ihren ausgewählten Bäumen.

Maibaum

In zahlreichen Kulturkreisen haben Bäume eine besondere Symbolkraft. In den Mythen fast aller Völker verkörpert der Weltenbaum

Weltenbaum

das Sinnbild des ewigen Lebens und verbindet Himmel und Erde und Unterwelt – Weltesche Yggdrasil der Edda des 13. Jahrhunderts.

Lebensbaum

Der Lebensbaum umfaßt den gleichen mystischen Kreis – Unsterblichkeit, Jugend, Gesundheit – und tritt in zahlreichen Gesalten auf: in der assyrischen Kunst als Lotos oder Pinie, in Ägypten als Dattelpalme oder in Indien als Palme. Beim Christentum wächst er inmitten des Garten Eden – Bibel Gen. 2/16. Neben ihm steht der

Baum der Erkenntnis

Baum der Erkenntnis, der die Polarität von Gut und Böse, Leben und Tod oder Mann und Frau verkörpert.

Wald und Baum in Sachsen

Der Freistaat Sachsen besitzt einige erstaunliche Kennzeichen und Charakteristika, die die Vielgestaltigkeit dieses Lebensraumes besonders stark hervorheben. Von den neuen Bundesländern verfügt er über den höchsten Grad an Industrialisierung mit ganz verschiedenartigen Produktionszweigen wie dem Braunkohletagebau in der Lausitz und im Raum Borna/Leipzig, dem Bergbau bei Freiberg oder die Maschinen- und Textilindustrie in Chemnitz, die vielseitigen Fabrikationen in Leipzig, der Stadt, die gleichzeitig Handels- und Messemetropole ist oder die weltbekannte Porzellanproduktion in Meißen. Zum anderen gibt es landwirtschaflich intensiv genutzte Gebiete vor allem in der Lößregion und ebenso intensive Forstwirtschaft, wie z.B. im Erzgebirgsvorland. Selbst Wein wird in diesem Bundesland ganz im Osten an der Elbe angebaut. Neben Siedlungen mit reinen Zweckbauten findet man herrliche Schlösser und läßt sich von den wiederhergestellten alten Barockbauten Dresdens begeistern. In der Elbe lebt noch der Biber, der teilweise weit in die Nebenflüsse eindringt, südlich von Dresden im Elbsandsteingebirge hat man den Eindruck, als öffneten sich Felsentäler der Südalpen.

Ein interessantes, erlebnisreiches Land.

Die Waldfläche Sachsens beträgt rund 500 000 ha, die Landesfläche umfaßt 1,84 Mio. ha und erreicht somit ein Bewaldungsprozent von 27 %. Dieses liegt unter dem bundesdeutschen Durchschnitt von rund 30 %. Bei einer Bevölkerung von 4,6 Mio. kommen 0,1 ha Wald auf jeden Einwohner.

Nach Landschaftsregionen gegliedert entfällt auf das nordostdeutsche Tiefland etwa 30 %, auf das Hügelland ca. 36 % und auf die Mittelgebirge ca. 34 % Wald. Geht man von den standörtlichen Voraussetzungen und Bedingungen aus, so lassen sich 13 Wald-Wuchsgebiete ausscheiden – siehe Karte -. Besonders fruchtbar sind die Lößregionen, die 43 % einnehmen und die großen Talauen von Neiße, Spree, Elbe, Mulde und Elster.

Die Baumartenverteilung zeigt ein starkes Übergewicht der Nadelbaumarten, die etwa 80 % erreichen, während die Laubhölzer nur auf 20 % kommen.An der Spitze steht die Fichte mit 45 %, ihr folgt die Kiefer mit 32 % und die Lärche mit drei Prozent. Bei den Laubbaumarten nehmen die Eichen fünf Prozent ein, die Buche bleibt bei drei Prozent, Weichlaubholz kommt auf fast zehn Prozent und der Rest ist sonstiges Hartlaubholz.

Die Verteilung des Waldbesitzes ist in Sachsen noch nicht abgeschlossen, weil 1993 noch über 120 000 ha als sogenannter Treuhandrestwald keinem Eigentümer zugeordnet worden sind. Kennzeichnend bleibt aber, daß fast die Hälfte des Waldes sich in Privathand befindet, allerdings meist Klein- und Kleinstbesitze, also unter fünf bzw. unter ein Hektar. Im Landesbesitz sind 184 000 ha = 37 %, der Bundeswald erreicht mit 39 000 ha acht Prozent und der Kirchenwald kommt auf zwei Prozent. Der Körperschaftswald hat einen unverhältnismäßig geringen Anteil, nämlich nur sieben Prozent. Somit ist der öffentliche Wald nur geringfügig größer als der Privatwald.

Wie kommt der hohe Nadelholzanteil zustande und ist er naturbedingt? Bevor der Mensch wesentlich eingriff, bestand die ursprüngliche Bewaldung des Landes, also die früheren Naturwälder, zu 90 % aus Laubwald. Nur in den Hochlagen der Mittelgebirge herrschten Fichte und Tanne und auf einzelnen trockenen Standorten die Kiefer vor. Damals, also vor Beginn der großen Rodungsperiode etwa ab 1200, waren 60 bis 70 % der Fläche bewaldet. Der Kampf des Menschen gegen den Wald zur Gewinnung einer Ernährungsgrundlage durch Feld und Weide führten zu einer Reduktion der Bewaldung auf 30 bis 40 %, die etwa um 1400 abgeschlossen war. Vom 15. bis zum 18. Jahrhundert war der Wald Brenn- und Industrieholzlieferant. Holzkohle und Pottasche waren für die Verhüttung von Glas- und Bergbauprodukten sowie für Salzsiedereien unentbehrlich. Bau- und Werkstoffe kamen aus dem Walde, der zudem noch durch Streunutzung und Vieheintrieb stark belastet worden war. Periodisch waren überhegte Wildbestände eine weitere Gefahr für den Wald, vor allem für die natürliche Verjüngung. So wurden die Wald-bestände stark ausgelichtet, z. T. sogar verwüstet, eine natürliche Generationsfolge durch Vieh und Wild weitgehend verhindert. Das führte zu einer drohenden Holznot, die erst durch die industrielle Revolution gemildert und umgewandelt werden konnte, nämlich als Kohle den Energieverbrauch weitgehend decken konnte und die Landwirtschaft sich auf intensivere Formen hin bewegte, so daß die Waldweide immer stärker zurücktrat. Die übernutzten und ausgeplünderten Wälder, von großen Kahlflächen durchsetzt, mit nur einzelnen wenigen Bäumen je Hektar bestockt, konnten den Bedarfsanstieg für Eisenbahn, Bergbau, Telegrafenleitungen oder Papier nicht mehr decken. Es kam zur großen Holznot. Diese wiederum initiierte die erste geregelte Forstwirtschaft, die durch bedeutende Forstleute wie Cotta, Begründer der forstlichen Ausbildung in Tharandt und durch den Aufbau von Lehr- und Forschungsanstalten begleitet wurde – siehe hierzu

„Bäume im Forstbotanischen Garten Tharandt".

Die gewaltige Übernutzung der Wälder ging weder an den Beständen noch an den Böden spurlos vorüber. Letztere waren stark degradiert und hatten einen Teil ihrer Lebenskraft eingebüßt. Alte, fruchttragende Bäume gab es wenig, so daß die natürliche Verjüngung sich nicht entwickeln konnte. Was blieb also übrig? Aufforsten mit Baumarten, die schnell den Boden abdecken konnten, mit nährstoffarmen Bedingungen fertig wurden und einen baldigen Waldaufbau versprachen. Deshalb wurden Fichte und Kiefer in großer Zahl angezogen und ausgepflanzt. Hierbei unterscheidet sich Sachsen nicht von den anderen deutschen Ländern, die fast alle die gleiche Entwicklung durchmachen mußten.

Der Wald in Sachsen mußte noch einmal erheblich leiden, als nach dem Zweiten Weltkrieg große Flächen als Reparationshiebe abgetrieben wurden. Jetzt leidet er erneut.

Die Waldschäden in Sachsen konzentrieren sich schwerpunktmäßig auf die am stärksten vertretene Baumart Fichte und hier fast überwiegend auf die höheren Altersklassen. Nur jede zehnte über 60-jährige Fichte konnte 1993 als gesund eingestuft werden, jeder zweite Baum wies einen Nadelverlust von über 25 % auf. Bei der Kiefer liegen die Verhältnisse günstiger, etwa 30 % der Altbäume zeigen deutliche Schädigungen. Am ungünstigsten ist die Eiche betroffen, sie leidet hochprozentig unter den Schadeinflüssen.

Seit Jahrzehnten sind die Hochlagen des Erzgebirges insbesondere durch Schwefeleintrag verheerend hart getroffen. Die hier vorherrschende Fichte ist bereits zu einem großen Prozentsatz abgestorben, die Bestände lösen sich auf.

Das Erzgebirge ist beiderseits der Grenzen ein abschreckendes Beispiel der Waldschäden, die durch Luftverunreinigung verursacht werden.

Welchen Weg schlägt die Waldpolitik heute ein?

Das Sächsische Waldgesetz vom 10.April 1992 hat die Forderungen und Zielsetzungen umrissen: Das elementare forstliche Ziel der Nachhaltigkeit, – klassisch formuliert, in der Gegenwart geprägt und für die Zukunft gefordert – beschränkt sich nicht wie in früheren Zeiten auf die ausgeglichene Erzeugung von Holz, sondern gilt gleichrangig für alle Waldfunktionen als Grundsatz.

Hierzu einige Leitsätze:

1. „Den Wald in der Einheit seiner vielfältigen Funktion zu erhalten,

erforderlichenfalls zu mehren und nachhaltig zu bewirtschaften.

2. Durch pflegliche Bewirtschaftung den Waldboden und die Bodenfruchtbarkeit zu erhalten oder zu verbessern.

3. Ökologisch stabile Wälder aus standortgerechten Baumarten und natürlichen oder naturnahen Biotopen zu erhalten und zu schaffen.

4. Wildbestände auf eine ökologisch begründete Bestandeshöhe zu begrenzen, die eine natürliche Waldverjüngung ermöglicht."
oder
„die Nutz-, Schutz-, Erholungs- und Landschaftsfunktionen lassen sich am besten durch standortgerechte naturnahe, gemischte und ertragreiche Wälder gewährleisten"
(aus „Ziele der Forstwirtschaft in Sachsen").

Entsprechend dieser gesamtschauenden Zielsetzung übernimmt der Wald, der Waldbesitzer und die Forstwirtschaft in einem großen Umfange Aufgaben des Naturschutzes.

Im Elbsandsteingebirge ostwärts der Elbe wurde der Nationalpark Sächsische Schweiz am 12. 9. 1990 durch Verordnung auf 9 300 ha unter besonderen Schutz gestellt. Der Waldanteil liegt bei etwa 93 %, größtenteils Staatswald. Der Umbau dieser Waldbestände im Sinne der waldpolitischen Zielsetzung ist ein Schwerpunkt des Aktionsprogrammes, das 1992 begonnen wurde. Weitere Naturschutzaktivitäten sind eingeleitet oder voll im Gange, wie die Bildung eines Biospährenreservates in dem Oberlausitzer Heide- und Teichgebiet. Im Erzgebirge/Vogtland und in der Dübener Heide sollen Naturparks entwickelt werden. Die geschützten Flächen des Landes kommen jetzt auf etwa 30 000 ha, also knapp zwei Prozent der Landesfläche. Man strebt eine Erhöhung auf zehn bis 15 % an. Insbesondere sollen grundwasserbeeinflußte Biotope besonders behandelt und geschützt werden. Hierbei stehen die Wälder auch wieder im Vordergrund, wie Moor-, Aue-, Sumpf- oder Bruchwälder.

Immer noch prägen alte Alleen in einigen Teilen Sachsens die Landschaft, insbesondere im Raum der Elbe und rund um Dresden, hier vor allem die Zufahrten zur Moritzburg und bei Pillnitz, Graupa und die bekannte Kastanienallee bei Lohmen. Selbst von Napoleons Heerstraßen sind noch Alleen erhalten oder wieder angepflanzt.

Überall im Lande findet man Bäume, oft mit historischem Hintergrund, stark, wuchtig und Jahrhunderte bewährt. Sie werden in den zehn Baumgeschichten und in dem Katalogteil mit den Karten vorgestellt. Vor allem in den Dörfern werden die alten Bäume gepflegt. Vielerorts herrschen Obstbaumkulturen und Straßenbepflanzungen vor, die für die Landbevölkerung einst von hohem Wert waren.

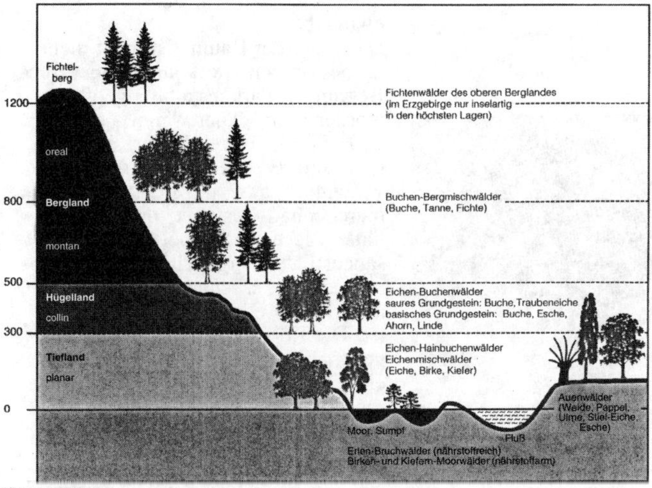

Robinien im Schloß von Strehla

Über dem Elbtal und der Stadt schaut man von dem Schloß weit ins Land hinaus und bekommt herrliche Einblicke in die schöne Landschaft. Die jetzige Schloßanlage soll im 15./16. Jahrhundert errichtet worden sein, frühere Bauten bereits auf das 13. Jahrhundert zurückgehen. Der Ort wird schon um 1000 erwähnt. Vor dem Schloß auf dem Hof stehen zwei ganz interessante Bäume: uralte Robinien in Märchengestalt, mit 1000 Köpfen besetzt, die Rinde schlangenförmig gewunden und mehrfach miteinander verbunden. Neben dem alten Holz treiben wieder junge Reise aus dem hohlen Stamm hervor, sie geben den Bäumen den Eindruck, als würden sie ewig leben.

Das Alter der Bäume ist nicht mehr zu bestimmen, sie könnten aber zu Beginn der Parkgestaltung gepflanzt worden sein. Dann wären sie etwa 250 bis 300 Jahre alt. Ihre Formen und ihre Erscheinungen sehen so verzaubert aus, ja, sind geradezu märchenhaft gestaltet, daß der dahinter liegende Giebel im Renaissancestil fast jugendlich wirkt und keineswegs erkennen läßt, daß er auch schon einige Jahrhunderte alt ist. Die Robinie, auch Scheinakazie genannt, wurde aus Nordamerika eingebürgert und wegen ihrer bizarren Form, vor allem aber wegen ihrer oft betäubend duftenden weißen oder rosa Blüten gerne in Parkanlagen in ganz Europa gepflanzt.

Die Robinie verdankt ihren Namen dem Franzosen Robin, der sie aus den gemäßigt warmen Zonen des winterkahlen Laubwaldes der atlantischen Region Amerikas zu Anfang des 17. Jahrhunderts – entweder 1601 oder 1630 – nach Paris brachte. Von hier aus hat sie einen ungeheuer schnellen und weiten Vormarsch durch ganz Europa angetreten. Zuerst war sie ein Schmuckstück in den Parks, in denen besonders Exoten geliebt und angebaut wurden, dann wurde sie ein Straßenbaum und eine ganze Zeit lang später fand sie auch Zugang in den Wald, wo es ihr gelang, auf armen Standorten noch ein vernünftiges Wachstum zu entwickeln.
Der im Nordwesten angrenzende Park mit einer Flächenausdehnung von 14 ha ist landschaftlich interessant gestaltet und dürfte aus dem 18. Jahrhundert stammen. In ihm findet man dendrologisch sehenswerte Individuen, beherrschend sind vor allem die beiden alten starken Robinien vor dem Schloß, von denen die stärkste immerhin einen Umfang zwischen sechs bis sieben Meter und eine Höhe von etwa zwölf Meter aufweist.

Katalog Nr. 71

Bäume im Schloßpark Diesbar-Seußlitz

Das Schloß, die Kirche und die Luisenburg wurden von dem Kanzler August des Starken, Heinrich von Bünau, 1722 bis 1733 erbaut. In der gleichen Zeit wurde auch der Park mit wertvollen Bäumen angelegt.

Die Gebäude entstanden 1268 bis 1541 auf den Grundmauern eines Klarissenklosters.
Der Park war ursprünglich eine Barockkonstruktion mit Terrassen, Freitreppen, Hecken und exakten Figuren. Später erfuhr er, wie so viele gleichgearteten Anlagen, eine Umwandlung in den englischem Gartenstil.
Der älteste Baum dürfte die Sommerlinde vor dem Schloß an der Hauptstraße sein, die mit einem Umfang von 440 cm und einer Höhe von 16 m, ihrem hohlen Stamm und ihren Wucherungen auf ein hohes Alter schließen läßt. Nach einer alten chronischen Überlieferung wurde eine Linde in diesem Bereich (sehr wahrscheinlich dieser Baum) bereits um 1520 für die Bienenweide verpachtet. Sie müßte also aus der Klosterzeit stammen. Um die Linde herum wird seit wenigen Jahren wieder ein alter Brauch aufgenommen und alljährlich der traditionelle Heiratsmarkt gefeiert. Es wird überliefert, daß zu Zeiten des Klarissenklosters die Ordensschwestern zu Himmelfahrt einen Tag Ausgang bekamen und oft unter der Linde nach Männern suchten, die sie ins weltliche Leben zurückführen sollten.
Bei der Umgestaltung des Barockgartens in einen Landschaftspark soll die Blutbuche im Schloßpark und die Platane am östlichen Ende des Schloßparkes gepflanzt worden

sein, ebenso die holländische Linde am Teich in der Nähe der Blutbuche. Die Blutbuche ist ein Zwilling, die holländische Linde teilt sich ebenfalls ab fünf Meter Höhe auf, während die Platane ihre ganze Kraft in ihr Höhenwachstum gesteckt hat und heute auf 35 m Baumhöhe kommt. Ihre gewaltige Krone erreicht fast die gleiche Zahl an Metern im Querschnitt.
Verläßt man den Schloßpark in östlicher Richtung, dann findet man in 300 m Entfernung am nördlichen Waldrand eine Roßkastanie, die durch stark gedrehten Stammwuchs auffällt. Sie ist der Rest einer ehemaligen Allee an dem früheren Reit- oder Herrenweg, der vom Schloß bis weit in den Grund hineinführt.

Katalog Nr. 86 bis 89

Der Muskauer Park gehört zu den dendrologischen Kostbarkeiten in Europa. Dies verdankt er dem Baumfreund Fürst Hermann Pückler, der 1811 die Standesherrschaft von Muskau übernahm und zusammen mit seinen bekannten Obergärtnern Petzold und Jacob Heinrich Rehder ab 1817 den Ausbau des großräumigen Parks einleitete.
Die Besonderheiten des Parks sind nicht der Anbau von exotischen Gewächsen, sondern die Gruppenbildung einheimischer Baumarten, die sich immer wieder in einer anderen Kombination und damit in einer anderen Erscheinungsform präsentieren. Fürst Pückler bemühte sich, an

Blutbuche vor dem Schloß Muskau **)

den Ufern der Neiße einen Landschaftsgarten zu gestalten, den er als „zusammengezogene, ideale vierte Natur“ bezeichnete. Er gab ihm folgende Zielsetzung:
„Der Park soll nur den Charakter der freyen Natur und der Landschaft haben, die Hand des Menschen also wenig darin sichtbar seyn, und sie nur durch wohlunterhaltende Wege und zweckmäßig verteilte Gebäude bemerklich machen“. Fürst Pückler 1834.
Muskau hat heute eine fast zeitlose Bedeutung:
Der Teil westlich der Neiße, die den Park in der Mitte durchfließt, ist gepflegt. Das von Gottfried Semper 1847 erbaute Schloß brannte im Krieg völlig aus und steht als Ruine mahnend am Rande des Parks. Im östlichen Parkteil ist in der Zwischenzeit ein Wald entstanden. Die Brücke von West nach Ost oder von Ost nach West ist abgerissen, nur Pfeiler weisen auf die ehemalige Verbindung hin.
Besonders herausgestellt werden soll die Blutbuche vor dem Schloß Muskau an der südlichen Schloßrampe. Sie wurde um 1825 als 40jähriger Baum verpflanzt, hat nun im Alter von 200 Jahren eine Höhe von 22 m und eine mächtig ausladende Krone von 30 m Durchmesser. Der spannrückige Schaft wirkt so, als seien viele Bäume zusammengewachsen, und steht zudem noch auf mächtigen Elefanten-

füßen, die sich weit im Boden verankern – ein Zeichen von Kraft und Schönheit.

Katalog-Nr. 152

Ergänzung 1994:

Fürst Pückler plante nicht nur den größten, sondern auch den prächtigsten Landschaftspark entlang der Neiße. In seinem berühmten Aufruf vom 1. Mai 1815 fordert er die Landeigentümer auf, ihm „den ganzen Distrikt gegen vernünftige Bedingungen" abzutreten. Tatsächlich konnte er mit seinen Mitarbeitern in dreißigjähriger Tätigkeit die Landschaft auf 750 Hektar Größe wirkungsvoll gestalten. Sogar das Bett der Neiße verlegte er, weil es ihm zu langweilig gerade war und schuf damit nach dem Zweiten Weltkrieg ein um einige Quadratkilometer größeres Deutschland.

200 Hektar dieses Kleinods liegen westlich der Neiße im Freistaat Sachsen, der Rest wurde an Polen durch die Oder-Neiße-Linie abgetrennt und unterliegt einem Naturschutzstatus. Jahrzehntelang war das Gebiet nicht oder nur sehr eingeschränkt zu betreten. Erst 1994 konnte ich diesen hoch interessanten Parkteil kennenlernen. Er ist heute völlig verwildert. Die Täler sind bewaldet, die Baumgruppen eingewachsen, die Wege weitgehend zugerankt. Viele alte Bäume, die für Fürst Pückler das Rückrat seiner Parkgestaltung bildeten, leben nicht mehr, wie z. B. die berühmte Donareiche. Die besonders schöne und

von ihm geliebte Hermannseiche ist vor etwa zehn Jahren ausgebrannt und umgestürzt. Sie war nicht nach ihm, sondern nach seinem Großvater Hermann Graf von Callenberg benannt.
Einige alte bewunderswerte Recken lassen sich noch erleben. Von den drei Odinseichen konnte ich zwei vermessen:

Baum 1:
Höhe 24 m,
Umfang 620 cm,
Krone 25 m

Baum 2:
Höhe 25 m,
Umfang 830 cm,
Krone 26 m.

Stamm modelliert mit tausend Köpfen. Ihr Alter dürfte auf 800 bis 1000 Jahre einzuschätzen sein.
Die Zwillingseiche kommt auf eine Höhe von 30 m und einen Stammumfang von 715 cm.
Die Thoreiche bleibt nur gering darunter – Höhe 28 m, Umfang 700 cm, Kronenbreite 23 m.
Auch diese Stieleichen haben ein beträchtliches Alter von über 500 Jahren.
Man kann hier zu zahlreichen alten Buchen, Hainbuchen und Linden wandern und sich an vielen abnormen Gestalten erfreuen. Jetzt, wo man wieder über die Neiße fahren kann, wird der östliche Teil des

Muskauer Parkes zu einem großen Baumabenteuer!

Bäume um das Jagdschloß Moritzburg

Inmitten einer abwechslungsreichen Landschaft, die durch viele künstlich angelegte Seen und Teiche, durch große Wälder und durch herrliche Alleen ausgezeichnet wird, liegt das Jagdschloß Moritzburg. Es wurde unter Friedrich August I. (1697 bis 1733) und auch August dem Starken, dem späteren polnischen König August II. erbaut oder besser gesagt, in die heutige Form gebracht. Denn bereits 1542 ließ der damalige Herzog Moritz das Jagdhaus in Friedewald errichten, das in den folgenden Jahrhunderten erweitert und verändert wurde. Es bleibt aber das Verdienst von August dem Starken, diesen imponierenden, weithin sichtbaren Schloßbau gestaltet und geprägt zu haben, auch wenn er die Vollendung, vor allem die Parkanlagen, nicht mehr lange erleben durfte.
August der Starke wußte um die Schönheit der Bäume, insbesondere liebte er den Straßenbaum in Form von Alleen, die Schatten und Windruhe spenden konnten. Deshalb beauftragte er 1727 den Landbaumeister Pöppelmann, die Kastanienallee vom Schloß bis zur Straße Dresden – Großenhain in Richtung Reichenberg anzulegen und gab die Weisung, daß die Straße in gerader Linie von Nord nach Süd verlaufen sollte. Erst nach drei Kilometer erhält sie

einen leichten Knick. Ein Teil der jetzt 270jährigen Alleebäume mußten mit der Zeit ersetzt werden, immer bleibt aber das eindrucksvolle Erlebnis der Alleenstraße.
Weitere Alleenpflanzungen findet man in der Nähe des Jagdschlosses.
Von den alten Bäumen um Moritzburg soll zuerst der Veteran im Moritzburger Park hervorgehoben werden – eine Stieleiche, etwa 500 Jahre alt mit einem Umfang von über sechs Meter und einer Höhe von rund 30 m, ein wirklich knorriger Baum, hohl, ursprünglich dreigeteilt, ein alter Veteran. Man geht vom nördlichen Ausgang des Parkes 100 m nach Westen, 30 m westlich zu der Wegkreuzung, dort steht die Stieleiche im Bestand.
Eine weitere Stieleiche mit einem Umfang von 470 cm kommt auf die bemerkenswerte Höhe von 35 m und bildet eine mächtige breite Krone aus. Man erreicht sie über den nördlichen Parkausgang nach 50 m auf dem Wanderweg nach Osten.
Ebenfalls vom nördlichen Parkausgang auf dem Wanderweg 50 m nach Westen stößt man an der Wegekreuzung auf die Dicke Hainbuche von Moritzburg, die durch ihre Stärke und die mehrfache Gabelung ihrer Achsen und ihre markant verwachsene Rinde direkt ins Auge fällt.
Um einen weiteren Exoten zu finden, muß man vom Parkplatz an der Ostseite des östlichen Teiches am

Ufer nach Nordwesten an die Nordspitze wandern und dem Weg 50 m weit in den Wald folgen, dort steht eine Roteiche, urwüchsig in Ost- und Nordamerika, mit einer Höhe von 26 m und einem Umfang von 350 cm und einer auffallend mächtigen, weit ausladenden Krone.
Bis zu ihrem Tode 1945 fand die bekannte Bildhauerin und Malerin Käthe Kollwitz in Moritzburg eine Heimstätte.

Katalog-Nr. 97

Tausendjährige Linde in Kaditz

Kaditz liegt auf der Anhöhe des rechten Elbufers nordöstlich von Dresden und zeichnet sich durch zwei Besonderheiten aus: die Kirche, die 1680 an der Stelle der vormals hier gestandenen Kapelle des Hl.Laurentius erbaut wurde, wobei man den alten gotischen Dombau übernahm. An der Decke dieser Kirche wurde eine starke, durch ihren Umfang und ihre Größe merkwürdig erscheinende Linde gemalt. Diese Linde steht vor der Kirche und wird mit 1000 Jahren angegeben. Wer weiß, welches Alter sie wirklich besitzt. Sie bewahrt es als ihr Geheimnis, weil sie zu einem Teil abgebrochen ist. Der der Kirche abgewandte Teil ist ungewöhnlich vielstämmig, so als stünde der mächtige Baum auf Stelzen und würde wie ein Turm über dem Boden gehalten. Ihr Umfang beträgt 940 cm. Wahrscheinlich wäre sie noch stärker, wenn der Teil noch vorhanden wäre, der beim Brand

1818 verkohlt ist. Die Linde ist ein Monument von einem Baum mit vielen Füßen, Armen und Körpern. Sie erreicht wirklich ein hohes Alter. Ihre ganze Größe ist noch auf einer Abbildung von 1840 zu bewundern.

Katalog-Nr. 102

Bäume vor Schloß Pillnitz **)

In dem französischen Garten vor dem Schloß, wo die Quartiere durch Buchenhecken aufgeteilt sind, unterbrechen alte Bäume die strengen geometrischen Figuren recht wohltuend. Von den vielen Laub- und Nadelbäumen an der Elbe sollen drei hervorgehoben werden: die mehrhundertjährige Stieleiche mit dem auffallenden Blitzschaden, der mächtige Ahorn direkt vor dem Hauptflügel des Schlosses mit Misteln in der Krone und die Hängebuche neben dem Ahorn, deren Krone dachförmig ausgebildet ist und mit einer seltsamen und charakteristischen Verzweigung kleiner Äste bis zum Boden hin in den Kronenmantel aufliegen läßt. Die wuchtigen Wurzelanläufe passen zu diesem Baldachin.

August der Starke ließ 1720 bis 1723 auf dem rechten Elbufer nach den Plänen von Pöppelmann die Schloßanlage erbauen. Das Wasser- und Bergpalais verkörpern den chinesischen Stil. 1788 bis 1791 wurden Flügelbauten angeschlossen und 1818 kam das Neue Palais im japanischen Stil zur Ausführung. Französische und englische Gartenanlagen umsäumen großzügig die Som-

merresidenz des sächsischen Hofes. Seit 1919 werden hier Kunstsammlungen gezeigt. Zudem hat heute das Institut für Gartenbau seinen Sitz in der Anlage.
Berühmt ist die mehr als 200 Jahre alte Kamelie, die durch ein in den letzten Jahren besonders gut konstruiertes Glashaus vor extremer Winterkälte geschützt wird.

Katalog-Nr. 106a

Schloßlinde Augustusburg

Von dem Schloß aus hat man einen herrlichen Blick in die vielseitige Landschaft mit ihren Bergen, Hügeln, Flüssen und Bachtälern. Das Schloß mit seinen mächtigen Mauern wirkt wie ein Kastell. Es wurde 1568 bis 1572 erbaut. Sehenswert ist die alte Linde in der Nordostecke der Schloßanlage, die 1421 als Setzling gepflanzt wurde. Bereits zur Bauzeit des Schlosses bewunderte man die Größe und die Form dieses Baumes. Heute ist ihr Stamm stark zerklüftet, nur wenige Meter hoch und strebt dann mit Seitenästen weit nach außen. Die Hauptäste wurden mehrfach gestutzt, damit der alte Recke nicht unter der Last der einseitig wirkenden Krone zerbricht. Der erste Kronenschnitt wurde im Jahre 1549 festgehalten. 1558 befahl der Kurfürst August seinen Jägern, Holz zu fällen, um die Linde abstützen zu können. Etwa ein Jahrhundert später, 1669, deckte man den hohl werdenden Stamm mit einer kupfernen Haube ab. Heute bewahren mehrere Kleindächer den Baum

vor eindringendem Wasser und zunehmender Fäulnis. Immer wieder sprießen aus dem alten Holz junge Äste hervor, so daß der Baum ein doppelköpfiges Wesen verkörpert – zum einen ein fast 600jähriger Erdstamm und darüber teilweise 20 bis 30 Jahre alte Triebe.

Katalog-Nr. 217

Luther-Linde in Niederzwönitz

Diesmal steht der Gedenkbaum nicht vor einer Kirche oder auf einem Friedhof, sondern vor der Gaststätte „Jägerhaus“. Er wurde am 10. November 1583 zum hundertsten Geburtstag von Martin Luther gepflanzt und ist somit etwas mehr als 400 Jahre alt. Zwar ist der Stamm der Sommerlinde in mehreren Partien hohl, der Baum selbst macht aber einen durchaus vitalen Eindruck. Bei einem Umfang von 725 cm erreicht er eine Höhe von 30 m, blüht und grünt und wächst munter weiter, und dies alles in einer Seehöhe von 515 m.

Man hatte Angst um diesen Baum und pflanzte deshalb zum 500. Geburtstag von Martin Luther 1983 eine zweite Linde unmittelbar neben dem alten Veteran.

Die Zwönitzer Luther-Linde ist nur ein Beispiel von zahlreichen Gedenkbäumen, die für Martin Luther in weiten Teilen Deutschlands gepflanzt wurden.

Warum man gerade die Lindenbäume bevorzugte, ist nicht nachzuweisen, hängt aber vielleicht mit der Tatsache zusammen, daß der Christianisierer Deutschlands, Bischof Winfried Bonifatius, die den Germanen heiligen Eichen fällen und in weiten Bereichen durch Linden ersetzen ließ.

Die Forstliche Lehr- und Forschungsstätte Tharandt wurde 1811 gegründet, und der damalige König Friedrich August I. berief Heinrich Cotta aus Thüringen, um ihm die Sächsische Vermessungsanstalt zu übertragen, die er in Tharandt ansiedelte. Zugleich erhielt er die Erlaubnis, seine private Forstliche Anstalt zu verlegen. Seit dieser Zeit wird der forstliche akademische Nachwuchs in Tharandt ausgebildet. Heute ist die Fachrichtung Forstwissenschaften in Tharandt ein Teil der Technischen Universität Dresden.
Cotta, ein weltberühmter forstlicher Klassiker, betrieb zusammen mit Professor A. Reum gleichzeitig den Aufbau des Forstbotanischen Gartens, der heute eine Größe von rund 18 ha umfaßt und etwa 2000 Baum- und Straucharten und -varietäten beherbergt. Diese Artenfülle und auch das Alter der Bäume machen die Anlage zu einer dendrologischen Kostbarkeit und zu einem vielseitig verwertbaren Forschungsfeld. Der Baum- und Strauchbestand wurde regelmäßig gut registriert, zuletzt von dem Leiter des Forstbotanischen Gartens und Inhaber des Lehrstuhles für Forstbotanik, Professor Dr.M. Tesche.

Katalog-Nr. 271

Bäume im Forstbotanischen Garten Tharandt **)

Im oberen Teil des Gartens, inmitten von Koniferen, steht eine alte Eßkastanie aus der Gründerzeit. Sie hat eine Höhe von 18 m, einen Stammumfang von 450 cm und eine Kronenbreite von 24 m und hebt sich gut von den immergrünen Nadelbäumen ab.
Die zapfensüchtige Fichte – Picea abies „Acrocona“ – trat von hier ihre Reise in die Welt an. Auch eine Süntelbuche (Fagus sylvatica var. suentelensis) steht im Forstbotanischen Garten.

Katalog-Nr. 223a

Die Collmer Linde

findet man auf dem Friedhof in Collm. Sie ist eine alte historische Sommerlinde mit mächtiger Krone und einem urigem Stamm, der teilweise nur noch auf Stelzen steht. Mit einem Umfang von mehr als zehn Meter wird sie auf ein Alter von etwa 1000 Jahre geschätzt. Auch das in ruhiger, ansprechender, waldreicher Landschaft gelegene Straßendorf Collm hat eine lange Geschichte. Erstmals wurde es 1185 anläßlich eines durch den Markgrafen von Meißen abgehaltenen Landthings am 2. August 1185 urkundlich erwähnt. Bis 1259 fanden weitere zwölf Landtage statt, an denen zugleich auch gerichtet wurde. Diese höchsten Versammlungen des Meißener Landes sollen unter der alten Linde abgehalten worden sein. Da man sich für diese Treffen keine jungen Bäume auszusuchen pflegte, könnte die Schät-

zung auf 1000 Jahre durchaus berechtigt sein.
Ein weiterer Hinweis ist erstaunlich und erfreulich zugleich:
1926 führte der Landesverein Sächsischer Heimatschutz auf ein Gutachten von Hofrat Bouchè aus Dresden und auch mit dessen finanzieller Hilfe erste Sanierungsarbeiten durch. 1953 wurde der hohle Stamm mit Bruchsteinen und Beton ausgefüllt, was diesem aber nicht gut tun kann. 1992 hat der Bürgermeister die Initiative zu einer weiteren Sanierung ergriffen, die finanziell sehr stark von verschiedenen staatlichen Stellen unterstützt wurde.
Zahlreiche Wanderwege führen von der Linde in den Wald und um den Collmberg und damit in die Natur.

Katalog-Nr. 22a

**) Text aus Hans Joachim Fröhlich „Alte liebenswerte Bäume in Deutschland", C. Ahlering-Verlag, Hamburg 1989, Abdruck mit freundlicher Genehmigung des Verlages. Buch über Verlag oder Buchhandlung oder Kuratorium erhältlich.

Übersichtskarte

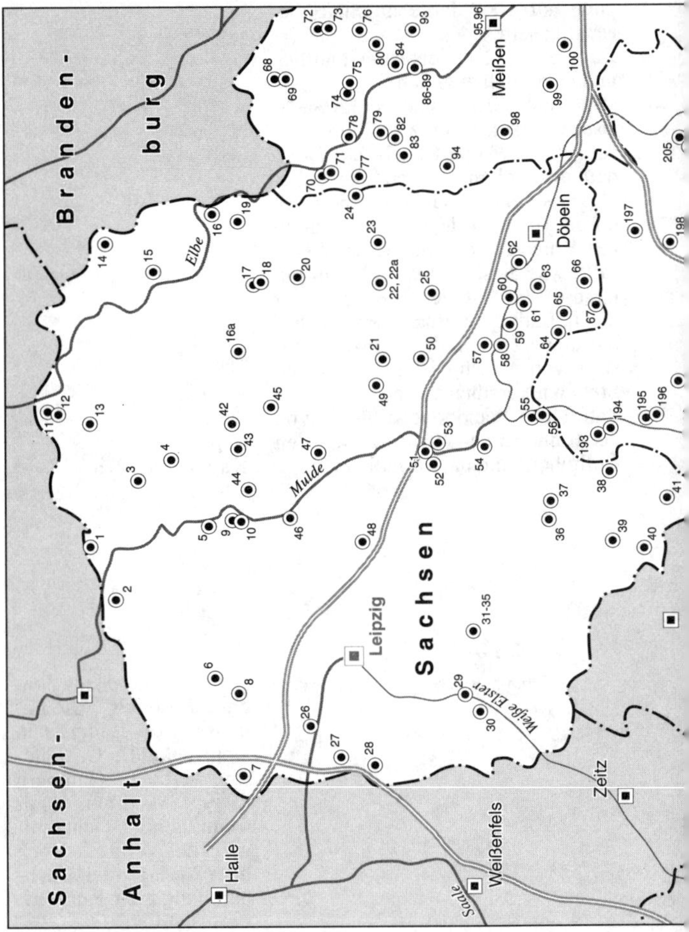

Sachsen West

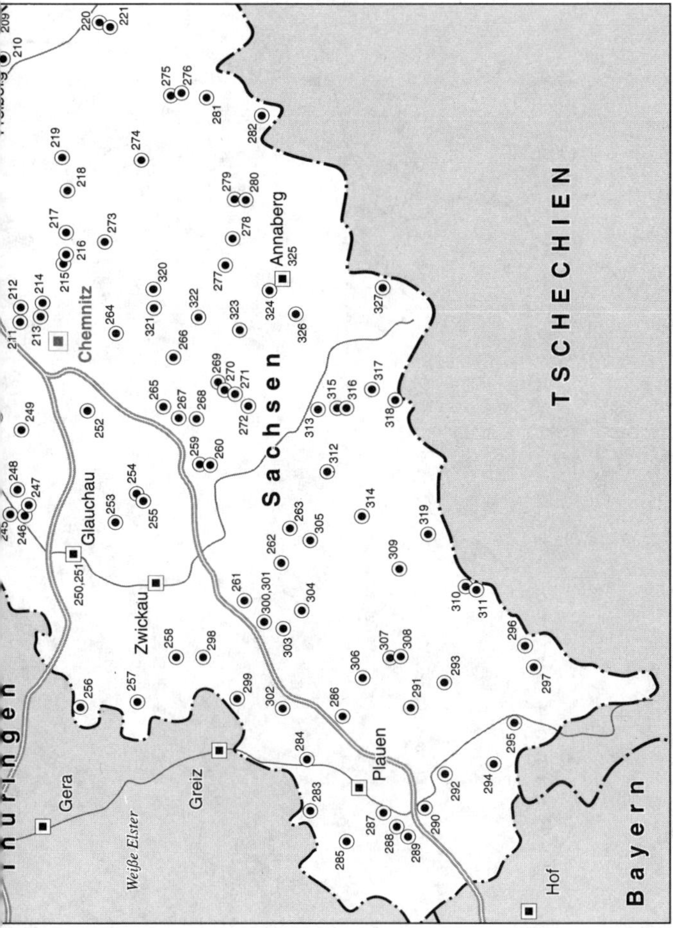

Übersichtskarte

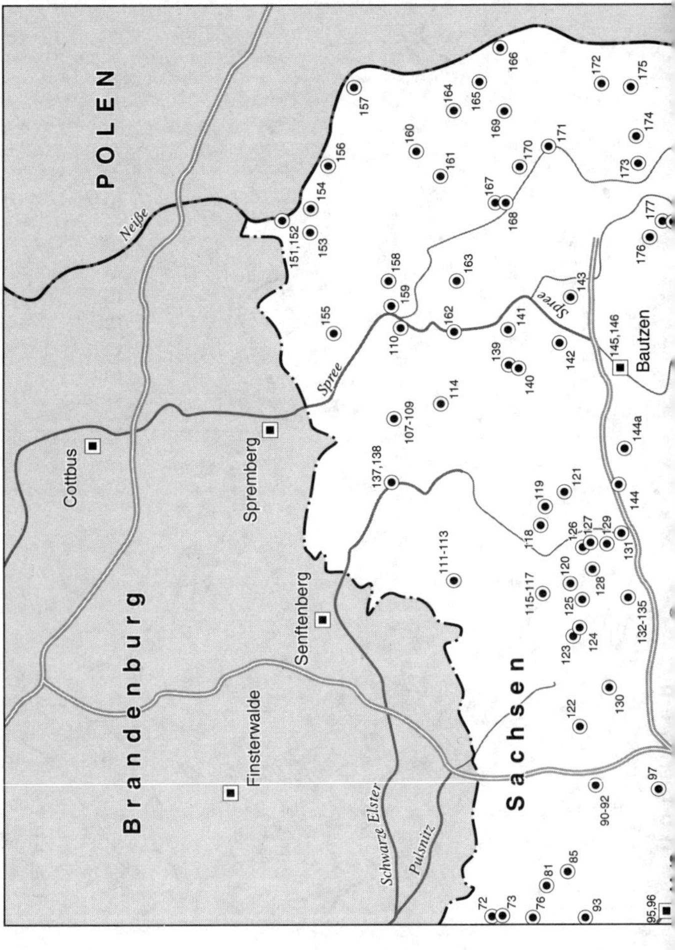

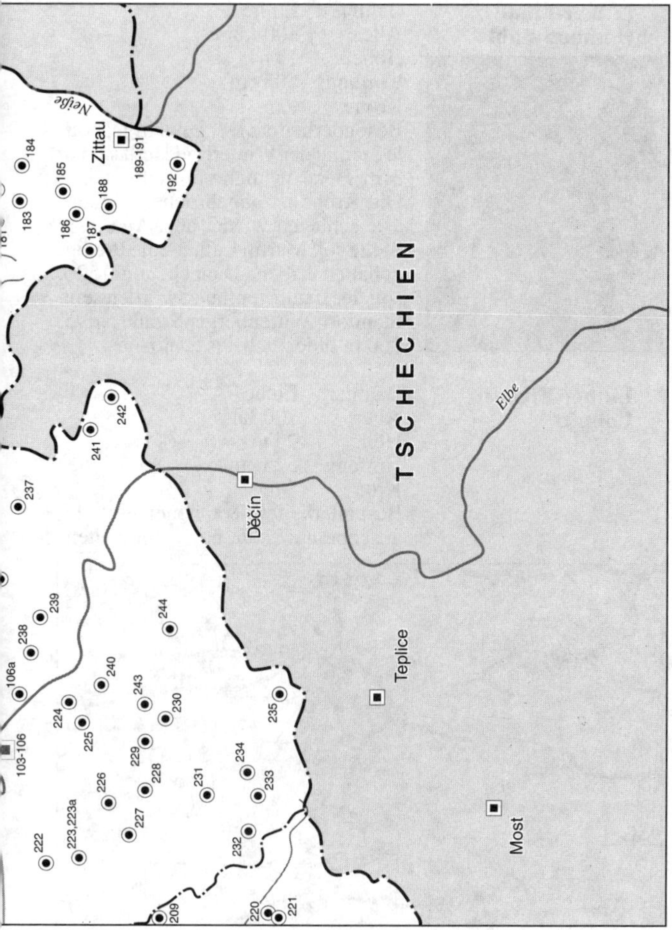
TSCHECHIEN
Zittau
Děčín
Teplice
Most
Elbe
Neiße
183
184
185
186
187
188
189-191
192
237
238
239
240
241
242
243
244
103-106
106a
209
220
221
222
223,223a
224
225
226
227
228
229
230
231
232
233
234
235

1 Luther-Linde in Hammermühle

Baumart: Linde
Alter: 500 Jahre
Höhe: 13 m
Umfang: 685 cm
Krone: 9 m

Besonderheiten: Der gewaltige, hohle Stamm der Winterlinde teilt sich in 3 m Höhe in mehrere Achsen auf. Die Krone ist abgebrochen, Seitenäste schlagen wieder aus. An dieser Stelle soll Martin Luther eine Predigt gehalten haben. Danach, um 1500, soll der Baum gepflanzt worden sein. Standort: Wittenberger Straße Nr.95, 100 m südöstlich des Freibades.

2 Luther-Eiche in Löbnitz

Baumart: Eiche
Alter: 700 Jahre
Höhe: 25 m
Umfang: 525 cm
Krone: 8 m

Besonderheiten: Traubeneiche, hohl, ausgebrannt. Nur noch ein Seiten-

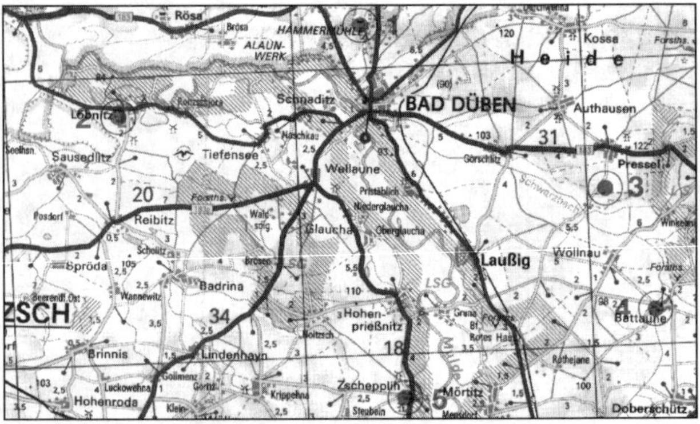

trieb ist vorhanden. Lt.Chronik soll Luther 1523 mit Fräulein Eva von Schönfeld (Tochter des Schloßherrn) unter dieser Eiche gesessen und hier den 116.Psalm ins Deutsche übersetzt haben.
Standort: Schloßpark, 300 m südöstlich des ehemaligen Schlosses, am Wasser.

3 Eichen-Gruppe am Presseler Deich

Baumart: Eiche
Alter: 700 Jahre
Höhe: 26 m
Umfang: 675 cm
Krone: 17 m
Besonderheiten: Starke Stieleiche mit steil gestellten Ästen, zahlreiche Trockenäste, auffallend brettartige Rindenstruktur bis in die Krone.
Standort: Ca. 1 km östlich von Pressel, an der Försterei, an der B 183.

4 Ulme in Battaune

Baumart: Ulme
Alter: 250-350 Jahre
Höhe: 30 m
Umfang: 490 cm
Krone: 22 m
Besonderheiten: Feldulme mit breiter Krone, die in 7 m Höhe ansetzt. Schönes Ensemble mit der Bruchsteinkirche.
Standort: An der Nordwand der Kirche.

5 „Tausendjährige" Eiche bei Zschepplin

Baumart: Eiche
Alter: 750-800 Jahre
Höhe: 20 m
Umfang: 540 cm
Krone: 26 m

Besonderheiten: Stieleiche, deren Stamm hohl und zur Hälfte abgestorben ist. Kronenansatz in 2,5 m Höhe, Mitteltrieb trocken, drei Seitentriebe leben. Schloß aus dem Jahre 1455, Gartenanlage von 1762 mit natürlicher Vegetation, 1836-1846 zum „Englischen Garten“ umgestaltet.
Standort: 300 m östlich des Schlosses (Graf von Mengersen) am südlichen Rand der Wiese im geschützten Park.

6 Eiche in Zschortau

Baumart: Eiche
Alter: 250 Jahre
Höhe: 37 m
Umfang: 385 cm
Krone: 15 m
Besonderheiten: Hochwüchsige Stieleiche mit durchgehendem Stamm und bis zur Erde reichenden Ästen.
Standort: Im Park, 100 m südwestlich des Hauptgebäudes.

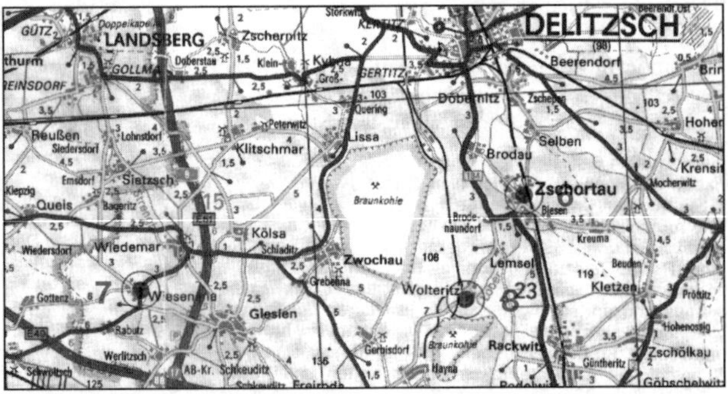

Baumart: Eiche
Alter: 250-300 Jahre
Höhe: 23 m
Umfang: 435 cm
Krone: 24 m
Besonderheiten: Stieleiche mit auffallend breiter Krone, die in etwa 3 m Höhe ansetzt und voll verzweigt den Platz überschirmt. Der Stamm weist eine Öffnung auf.
Standort: Hauptstraße, am Kindergarten.

7 Eiche in Wiesenena

Baumart: Linde
Alter: 400 Jahre
Höhe: 18 m
Umfang: 450 cm
Krone: 7 m
Besonderheiten: Alte, stark gestutzte Winterlinde, die sich in 4 m Höhe aufteilt. Erdstamm teilweise hohl und verwachsen.
Standort: An der Kirche.

8 Linde in Wolteritz

Baumart: Buche
Alter: 200 Jahre
Höhe: 32 m
Umfang: 425 cm
Krone: 27 m

9 Buche in Eilenburg

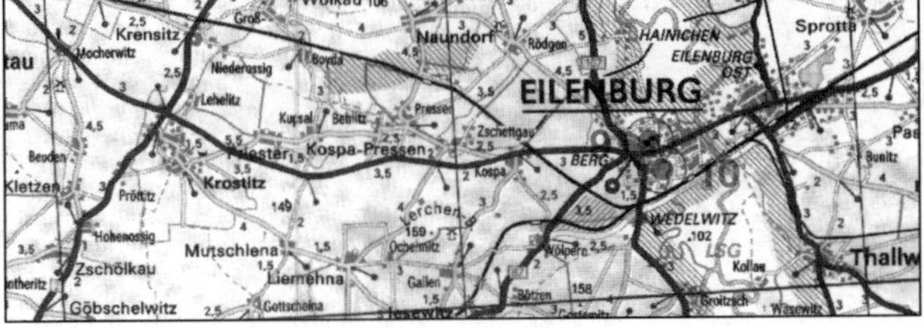

Besonderheiten: Gutwüchsiger Baum mit starkem Stamm und breiter Krone. Schloß mit Schloßgarten aus den Jahren 1820-1830.
Standort: Schloßgarten, an der Mühlstraße 5.

10 Pappel in Eilenburg

Baumart: Pappel
Alter: 120-150 Jahre
Höhe: 40 m
Umfang: 615 cm
Krone: 23 m
Besonderheiten: Sehr wüchsiger, vollbekronter Baum. Triebabbruch am unteren Stamm.
Standort: Stadtpark, 50 m nordwestlich des Bahnhofes, an der Sydowstraße.

11 Eiche in Dahlenberg

Baumart: Eiche
Alter: 400-500 Jahre
Höhe: 25 m
Umfang: 525 cm
Krone: 26 m
Besonderheiten: Stieleiche mit durchgehendem Stamm, dessen Rinde starke Brettbildung aufweist. Voll und bis auf den Boden beastet. Astabbrüche im unteren Bereich.
Standort: Etwa 200 m nördlich des Ortes, am westlichen Rand des alten Sportplatzes.

12 Eiche am Dahlenberger Dorfteich

Baumart: Eiche
Alter: 300-400 Jahre
Höhe: 18 m
Umfang: 510 cm
Krone: 32 m
Besonderheiten: Der Stamm der Stieleiche ist teilweise morsch und mit Pilzbefall. Starke Wurzelanläufe. Haupttrieb abgebrochen, drei Seiten-

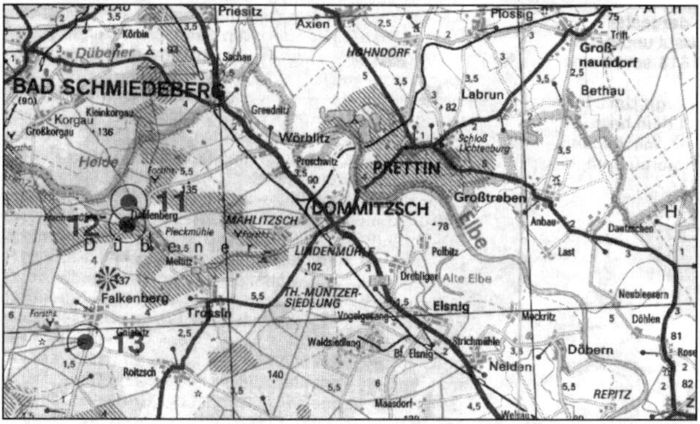

triebe bilden die weit ausladende Krone.
Standort: 50 m nördlich des Dorfteiches, an einem Hang, direkt hinter dem Feuerwehrhaus.

13 Lauchgrund-Kiefer im Wald bei Falkenberg

Baumart: Kiefer
Alter: 200 Jahre
Höhe: 25 m
Umfang: 220 cm
Krone: 11 m
Besonderheiten: Starke, gerade gewachsene Kiefer mit vollem Schaft und hoch angesetzter Krone. Besonders schönes Exemplar seiner Gattung.
Standort: Zwischen B 183 und Falkenberg, 1 km vor dem Ort, links, etwa 100 m im Bestand, Weg am Lärchenbestand.

14 Wildbirnbaum in Döbrichau

Baumart: Wildbirne
Alter: 150 Jahre
Höhe: 10 m
Umfang: 200 cm
Krone: 9 m

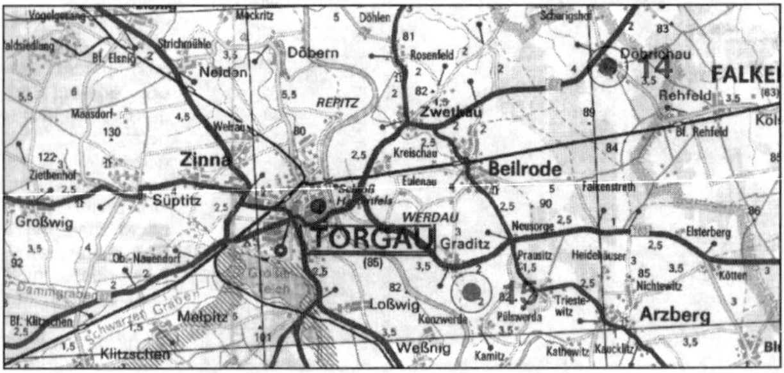

Besonderheiten: Sehr starkes Wildobstexemplar mit voller Krone, die bis zur Erde reicht.
Standort: Südausgang des Ortes, 200 m rechts der Straße nach Falkenberg/Elster.

15 Eiche bei Graditz

Baumart: Eiche
Alter: 600-700 Jahre
Höhe: 24 m
Umfang: 725 cm
Krone: 27 m
Besonderheiten: Alleinstehende, alte Stieleiche mit tief angesetzter Krone, die 5 m über dem starken Erdstamm vielastig aufstrebt. Einige Trockenäste.
Standort: Ca. 1,5 km südlich von Graditz, an einem Wall.

16 Ginkgo in Dröschkau

Baumart: Ginkgo
Alter: 200 Jahre
Höhe: 17 m
Umfang: 485 cm
Krone: 14 m
Besonderheiten: Wenige Meter über dem Boden teilt sich der Baum in sieben Stämme auf. Sehr vital.
Standort: Im Gutspark, am Gutshaus.

16a Maulbeerbaum in Schildau

Baumart: Maulbeerbaum
Alter: 300 Jahre
Höhe: 13 m
Umfang: 240 cm/320 cm
Krone: 30 m
Besonderheiten: Ensemble mit alter Kirche. Vielstämmige Verzweigung.
Standort: An der Marienkirche

17 Zusammengewachsene Eiche und Buche in Lausa

Baumart: Eiche und Buche
Alter: 120 Jahre
Höhe: 34 m
Umfang: 580 cm
Krone: 23 m
Besonderheiten: Beide Bäume sind im unteren Stammabschnitt zusammengewachsen – interessante Kombination.
Standort: Nordwestrand des Dorfes, am Waldrand.

18 Linde in Lausa

Baumart: Linde
Alter: 250-300 Jahre
Höhe: 30 m
Umfang: 320 cm
Krone: 17 m
Besonderheiten: Solitäre Sommerlinde, deren hohe, volle Krone in etwa 3 m Höhe ansetzt und deren Äste bis auf den Boden herabreichen.
Standort: Am Eingang zum Friedhof, links.

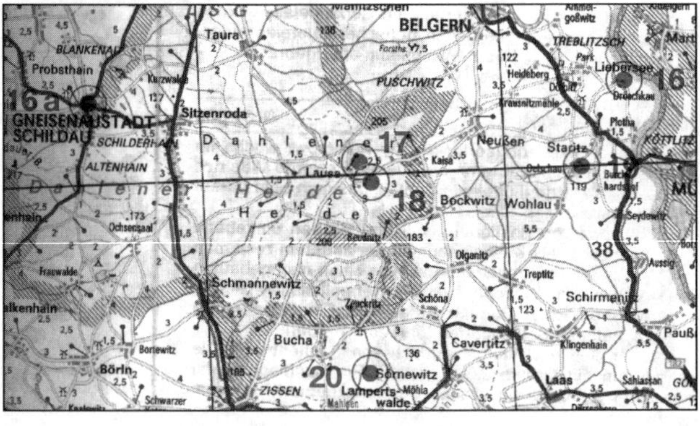

19 Platane in Oelzschau

Baumart: Platane
Alter: 180 Jahre
Höhe: 42 m
Umfang: 865 cm
Krone: 32 m
Besonderheiten: Sehr stattlicher Baum, der sich ab 3 m Stammhöhe in viele Achsen auflöst. Gewaltige Krone bei überdurchschnittlicher Höhe.
Standort: Vor dem ehemaligen Gutshaus.

20 Eichendamm am Buchauer Bach bei Lampertswalde

Baumart: Roßkastanie
Alter: 80-100 Jahre
Höhe: 15 m
Umfang: 200 cm
Krone: 12 m
Besonderheiten: Bestandteil eines mit Starkbäumen – insbesondere Stieleichen und Roßkastanien – bewachsenen Dammes. Die Bäume sind bis zu 250 Jahre alt und haben Umfänge bis zu 400 cm.
Standort: Verbindungsweg Lampertswalde – Zenkritz, Ostseite.

21 Eiche im Wermsdorfer Forst

Baumart: Eiche
Alter: 300 Jahre
Höhe: 31 m
Umfang: 490 cm
Krone: 28 m
Besonderheiten: Stieleiche mit besonders hoher und weit ausladender Krone.
Standort: Am Damm des Kirchenteiches im Landschaftsschutzgebiet Wermsdorfer Forst.

22 Rotbuche bei Collm

Baumart: Buche
Alter: 200-250 Jahre
Höhe: 34 m
Umfang: 705 cm
Krone: 24 m
Besonderheiten: Sehr wüchsige Altbuche, in 5 m Höhe gezwieselt (einst dreitriebig), schüttere Belaubung.
Standort: Rechts der Straße Collm – Mahlis, an der Forststraße.

22a Die Collmer Linde

Baumart: Linde
Alter: über 1000 Jahre
Höhe: 18 m
Umfang: 1050 cm
Krone: 16 m
Besonderheiten: Historische Sommerlinde mit mächtigem, hohlem Stamm, der teilweise nur auf Stelzen steht. Im 12. und 13. Jahrhundert sollen die Markgrafen zu Meißen unter diesem Baum ihre „Landdinge" – die höchste Gerichtsversammlung – abgehalten haben.
Standort: Auf dem Friedhof Collm.

23 Ulme in Oschatz

Baumart: Ulme
Alter: 250 Jahre
Höhe: 28 m
Umfang: 390 cm
Krone: 18 m
Besonderheiten: Stattliche, vitale Flatterulme, gesund, mit zahlreichen Wasserreisern am Stamm, Krone ab 7 m Höhe. Eine der wenigen, noch erhaltenen Ulmen dieser Größe (Ulmensterben).
Standort: Im Vorgarten des Grundstücks Dresdner Straße 11.

24 Stieleiche bei Bornitz

Baumart: Eiche
Alter: 350 Jahre
Höhe: 20 m
Umfang: 400 cm
Krone: 19 m
Besonderheiten: Stieleiche mit voller Krone, breit ausgelegt, die eine alte Landschaftsmarke verkörpert.
Standort: LPG, Hühnerzucht.

25 Kreuzgrundeiche bei Glossen

Baumart: Eiche
Alter: 250-300 Jahre
Höhe: 24 m
Umfang: 440 cm
Krone: 19 m
Besonderheiten: Solitäre Stieleiche mit voller Krone.
Standort: Westhangbereich des Kreuzgrundes.

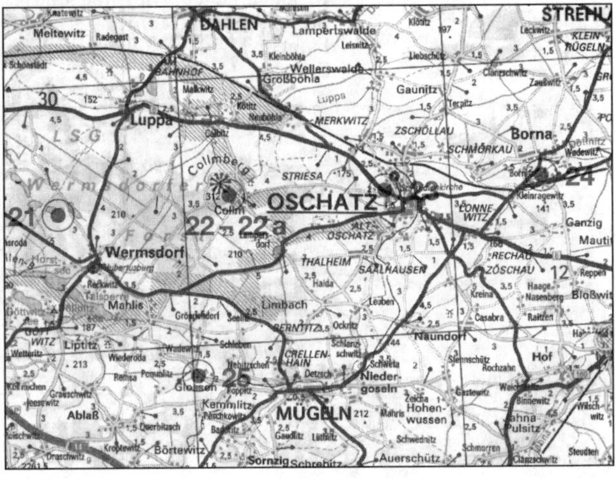

26 Linde in Lützschena

Baumart: Linde
Alter: 300 Jahre
Höhe: 16 m
Umfang: 380 cm
Krone: 13 m
Besonderheiten: Winterlinde mit voller Krone, Stamm teilweise hohl, verwachsen. Kronenansatz in 3 m Höhe. In der Elster-Luppe-Aue, südlich des Ortes, stehen zwei alte Stieleichen mit 400 cm Umfang.
Standort: Friedhof im Ortsteil Hänichen.

27 Eiche in Dölzig

Baumart: Eiche
Alter: 300 Jahre
Höhe: 24 m
Umfang: 420 cm
Krone: 23 m
Besonderheiten: Die Stieleiche ist so breit wie hoch, vollbeastet und belaubt und wirkt wie ein großer Pilz.
Standort: Gundorfer Straße 3.

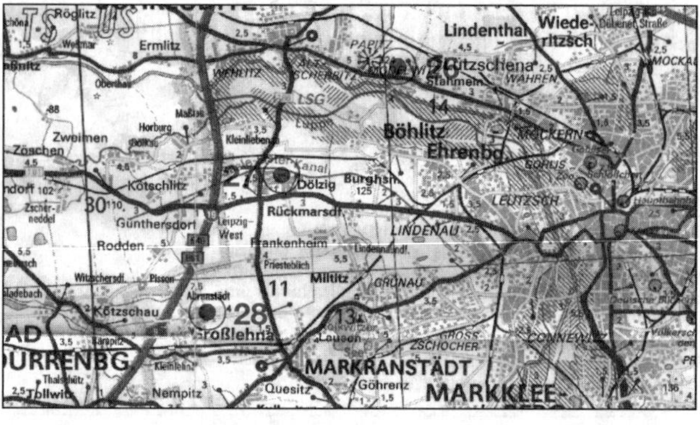

28 Esche in Altranstädt

Baumart: Esche
Alter: 250-300 Jahre
Höhe: 33 m
Umfang: 485 cm
Krone: 22 m
Besonderheiten: Vollbekronter Solitär, in 4 m Höhe gezwieselt. Starke Wurzelanläufe. Das Schloß wurde auf den Grundmauern eines um 1200 erbauten Klostergutes errichtet. 1706/07 diente es der schwedischen Armee unter Karl XII als Hauptquartier.
Standort: Lindenstraße 2, am Altranstädter Schloß, auf dem ehemaligen Friedhof.

29 „Tausendjährige“ Eibe in Zwenkau

Baumart: Eibe
Alter: 300-400 Jahre
Höhe: 10 m
Umfang: 275 cm
Krone: 13 m
Besonderheiten: Ab 60 cm Höhe zweitriebig. Die Äste reichen bis auf den Boden. Das Alter der Eibe dürfte bisher weit überschätzt worden sein. Der Ort wurde 971 begründet.
Standort: Marktstraße 1, im Garten.

30 Femelinde in Tellschütz

Baumart: Linde
Alter: über 800 Jahre
Höhe: 12 m
Umfang: 475 cm
Krone: 9 m
Besonderheiten: Winterlinde, deren ursprüngliche Krone abgebrochen ist. Es hat sich eine neue, vielastige und voll belaubte Krone gebildet. Der Stamm ist hohl und mit auffällig

starken Wucherungen versehen.
Standort: Am Ring 2 im Ortsteil Großdallzig.

31 Eiche bei Rötha

Baumart: Eiche
Alter: 250 Jahre
Höhe: 26 m
Umfang: 395 cm
Krone: 24 m
Besonderheiten: Schön geformte Stieleiche, deren volle Krone in 3 m Höhe angesetzt ist. Die Äste reichen fast bis auf den Boden herab.
Standort: Zwischen Böhlen und Rötha, 50 m rechts der Straße (Pleißen-Aue).

32 Eiche in Rötha

Baumart: Eiche
Alter: 300 Jahre
Höhe: 24 m
Umfang: 515 cm
Krone: 19 m

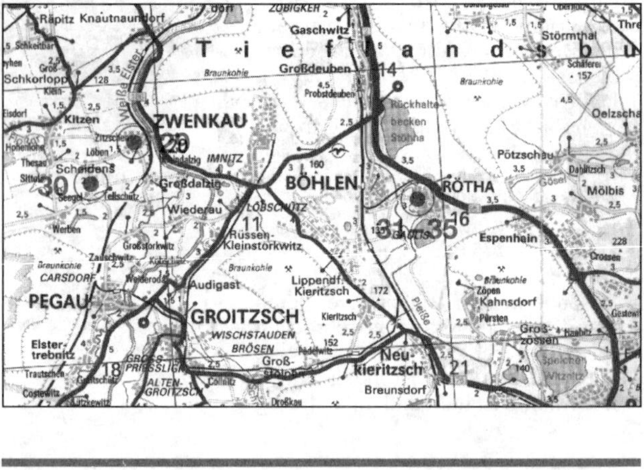

Besonderheiten: Auffallend schöne, breitkronige Stieleiche mit starkem Erdstamm.
Standort: Waldstraße, gegenüber dem Haus Nr. 17 am Hang.

33 Sumpfzypresse in Rötha

Baumart: Sumpfzypresse, Taxodium distichum
Alter: 200 Jahre
Höhe: 28 m
Umfang: 520 cm
Krone: 9 m
Besonderheiten: Starker Baum mit dem typischen, stark gerieften Stamm. Der Schloßpark wurde 1668 von Christian Boden angelegt (zunächst im französischen, später englischen Charakter). Letzte Eigentümer: Herr von Friesen. Das Schloß wurde 1967/68 eingeebnet. Rötha wurde 1135 gegründet.
Standort: Schloßpark.

34 Ginkgo in Rötha

Baumart: Ginkgo
Alter: 100-150 Jahre
Höhe: 28 m
Umfang: 280 cm
Krone: 12 m
Besonderheiten: Gutwüchsiger Baum, dessen Kronenspitze abgebrochen und durch Neuaustriebe ersetzt ist.
Standort: Schloßpark.

35 Buche in Rötha

Baumart: Buche
Alter: 200 Jahre
Höhe: 36 m
Umfang: 415 cm
Krone: 24 m

Besonderheiten: Starker Baum mit dichter Beastung und auffallenden Wurzelausläufern.
Standort: Schloßpark.

36 Buchengruppe bei Prießnitz

Baumart: Buche
Alter: 300 Jahre
Höhe: 40 m
Umfang: 365 cm
Krone: 24 m
Besonderheiten: Gruppe von fünf hochgewachsenen Buchen. Ausladende Krone über langem Schaft.
Standort: Prießnitzer Wald, ca. 400 m südöstlich vom Waldbad.

37 "Schinder-Eiche" bei Elbisbach

Baumart: Eiche
Alter: 300-400 Jahre
Höhe: 28 m
Umfang: 555 cm
Krone: 22 m
Besonderheiten: Stieleiche mit gedrungenem, vollholzigem, teilweise hohlem Schaft. Starke Brettbildung bei der Rinde. In 5 m Höhe setzt die Krone an.
Standort: Auf einer Wiese am östlichen Ortsausgang in Richtung Hopfgarten.

38 "Henkerslinde" in Geithain

Baumart: Linde
Alter: 300-400 Jahre
Höhe: 22 m
Umfang: 490 cm
Krone: 24 m
Besonderheiten: Winterlinde mit mächtiger, weit ausladender Krone, die sich schon kurz über dem Boden vielstämmig verzweigt. An dieser

Stelle soll sich eine Richtstätte befunden haben.
Standort: Galgenberg, Ossaer Weg.

39 Luther-Eiche in Roda

Baumart: Eiche
Alter: 150 Jahre
Höhe: 22 m
Umfang: 435 cm
Krone: 23 m
Besonderheiten: Stieleiche mit besonders breiter Krone, 1845 von Gottfried Voigt gepflanzt.
Standort: Hinter dem Ortseingang aus Richtung Geithain, rechts.

40 Eiche bei Gnandstein

Baumart: Eiche
Alter: 300 Jahre
Höhe: 25 m
Umfang: 480 cm
Krone: 18 m
Besonderheiten: Markante Stieleiche mit durchgehendem Stamm, dessen Rinde Brettbildung aufweist. Wenige Trockenäste.
Standort: 1,1 km nördlich von Gnandstein, am Waldweg nach Streitwald, rechts.

41 Luther-Eiche in Jahnshain

Baumart: Eiche
Alter: 150-200 Jahre
Höhe: 20 m
Umfang: 375 cm
Krone: 21 m
Besonderheiten: Freistehende Stieleiche mit weit ausladender Krone.
Standort: Ortsausgang in Richtung Rathendorf.

42 Eiche in Röcknitz

Baumart: Eiche
Alter: 500 Jahre
Höhe: 24 m
Umfang: 690 cm
Krone: 21 m
Besonderheiten: Alte Dorfeiche – Stieleiche – die sich ab 2 m Höhe in zahlreiche Zwiesel aufteilt. Sie beherrscht den Platz.
Standort: Am Dorfplatz.

43 Pestlinde in Böhlitz

Baumart: Linde
Alter: 300 Jahre
Höhe: 18 m
Umfang: 380 cm
Krone: 13 m
Besonderheiten: Winterlinde, deren Schaft nach Kronenkürzung bis auf

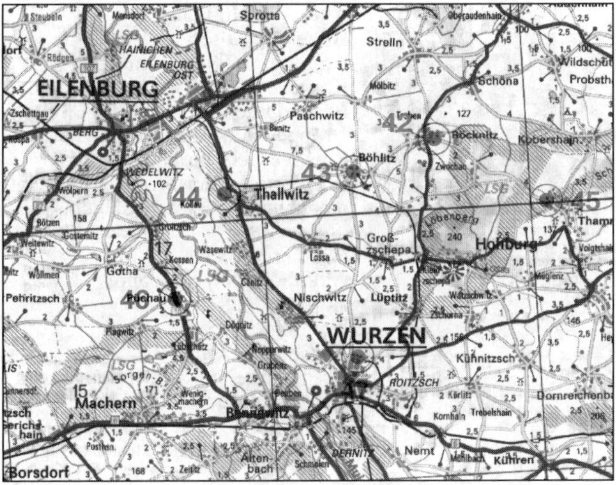

den Boden mit Neuaustrieben umgeben ist. Unter der Linde sollen Pestopfer begraben worden sein.
Standort: Auf dem Friedhof, vor der Kirche.

44 Eiche bei Thallwitz

Baumart: Eiche
Alter: 300-400 Jahre
Höhe: 24 m
Umfang: 500 cm
Krone: 20 m
Besonderheiten: Starke Stieleiche mit Beulen und Wülsten am Stamm und einem starken, niedrigen Seitenast. Zahlreiche Trockenäste.
Standort: Am Eichberg, 500 m nördlich des Ortes, an der Lossa.

45 Galgeneichen bei Thammenhain

Baumart: Eiche
Alter: 400 Jahre
Höhe: 24-25 m
Umfang: 400-460 cm
Krone: 14-22 m
Besonderheiten: Auffällig schöne Gruppe von drei Traubeneichen. Einstige Gerichtsstätte.
Standort: An der Straße von Thammenhain nach Zwochau, rechts.

46 Busch`s Eiche in Püchau

Baumart: Eiche
Alter: 400-500 Jahre
Höhe: 28 m
Umfang: 645 cm
Krone: 27 m
Besonderheiten: Mächtige Stieleiche, die so hoch wie breit ist. Die Äste reichen bis auf den Boden.
Standort: Dögnitzer Straße 6.

47 Japanischer Schnurbaum in Wurzen

Baumart: Schnurbaum
Alter: 150-200 Jahre
Höhe: 24 m
Umfang: 440 cm
Krone: 20 m
Besonderheiten: Interessanter Exote, der sich in 3 m Höhe stark verzweigt.
Standort: Torgauer Straße 27.

48 Gerichtslinde in Kleinsteinberg

Baumart: Linde
Alter: 300 Jahre
Höhe: 14 m
Umfang: 410 cm
Krone: 20 m
Besonderheiten: Mächtige, breite Sommerlinde. Die Krone ist vor einiger Zeit ausgebrochen, hat sich danach vital regeneriert.
Standort: Am Kriegerdenkmal.

49 Eiche in Sachsendorf

Baumart: Eiche
Alter: 300-400 Jahre
Höhe: 29 m
Umfang: 515 cm
Krone: 21 m
Besonderheiten: Starke, gut bekronte Stieleiche mit einem 6 m langen Erdstamm, gesund.
Standort: Am Kirchenteich.

50 Linde in Göttwitz

Baumart: Linde
Alter: 350-450 Jahre
Höhe: 19 m
Umfang: 650 cm
Krone: 20 m
Besonderheiten: Winterlinde mit knorrigem, mächtigem Erdstamm, der sich in 2-3 m Höhe in neun Ach-

sen aufteilt, die eine breite Krone bilden.
Standort: Vor dem alten Trafohaus, Draschwitzer Straße, neben dem Teich.

51 Eiche in Böhlen

Baumart: Eiche
Alter: 400-500 Jahre
Höhe: 29 m
Umfang: 600 cm
Krone: 24 m
Besonderheiten: Stieleiche mit teilweise hohlem, durchgehendem Stamm. Starker, tief angesetzter Steilast über der Straße gekappt.

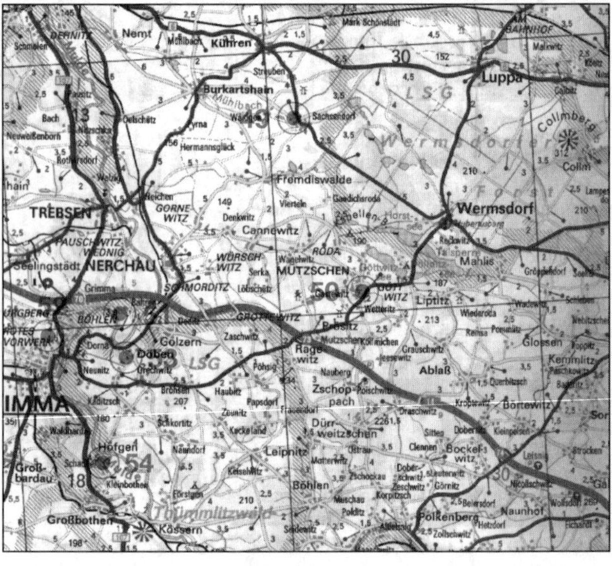

Starke Brettbildung der Rinde. Volle Krone.
Standort: 1 km südöstlich von Böhlen, links neben der Straße von Böhlen nach Leisnig, im Eichgrund.

52 Platane in Grimma

Baumart: Platane
Alter: 250 Jahre
Höhe: 34 m
Umfang: 530 cm
Krone: 24 m
Besonderheiten: Vitaler, vollbekronter Baum, dessen Äste bis zum Boden reichen. Stamm mit dicken Wülsten, Kronenansatz in 7 m Höhe. Eine weitere, etwa 200-jährige Platane mit dem Maßen H = 28 m, U = 480 cm, Kr = 33 m steht an der Frauenkirche.
Standort: Wurzener Straße, am Haus Nr.17.

53 "Löwen-Eiche" bei Döben

Baumart: Eiche
Alter: 400-500 Jahre
Höhe: 36 m
Umfang: 620 cm
Krone: 18 m
Besonderheiten: Hohe Stieleiche, deren relativ schmale Krone bei 8 m Höhe ansetzt. Zwiesel. In etwa 3 m Höhe befindet sich am Stamm eine krebsartige Wucherung mit 60 cm Durchmesser, die einem Löwenkopf ähnelt. Sehenswert: Kirche aus dem 12. Jhdt. mit romanischen und gotischen Bauelementen.
Standort: 200 m nördlich des Ortes, an der Südseite des Naturschutzgebietes Döbener Wald.

54 Eiche in Höfgen

Baumart: Eiche
Alter: 500 Jahre
Höhe: 22 m
Umfang: 725 cm
Krone: 15 m
Besonderheiten: Stieleiche mit geschwungenem, stark beuligem, hohlem Schaft. Zwei tief angesetzte Seitentriebe. Krone angebrochen.
Standort: Direkt an der Fährstation.

55 Eiche in Colditz

Baumart: Eiche
Alter: 300 Jahre
Höhe: 25 m
Umfang: 485 cm
Krone: 20 m
Besonderheiten: Vitale Stieleiche mit breiter Krone, die in 6 m Höhe beginnt.
Standort: An der Mulde, zwischen den beiden Brücken, in einer Allee an der Uferpromenade.

56 Linde in Colditz

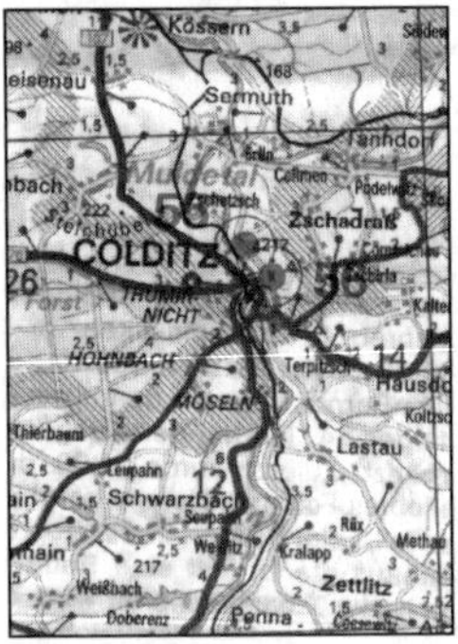

Baumart: Linde
Alter: 300 Jahre
Höhe: 30 m
Umfang: 470 cm
Krone: 17 m
Besonderheiten: Winterlinde mit voller, in 3 bis 4 m Höhe angesetzter Krone, am Anfang einer gutwüchsigen, geschlossenen Allee.
Standort: Allee an der Mulde-Uferpromenade, zwischen den beiden Brücken.

Kreis Döbeln

57 Kapellenlinde bei Polkenberg

Baumart: Linde
Alter: 150-200 Jahre
Höhe: 26 m
Umfang: 325 cm
Krone: 20 m
Besonderheiten: Winterlinde mit vielastiger, voller Krone und starken Wurzelanläufen. Sie steht auf einem frühgeschichtlichen Erdturm von 20 m Durchmesser und 6 m Höhe.
Standort: 400 m westlich des Ortes.

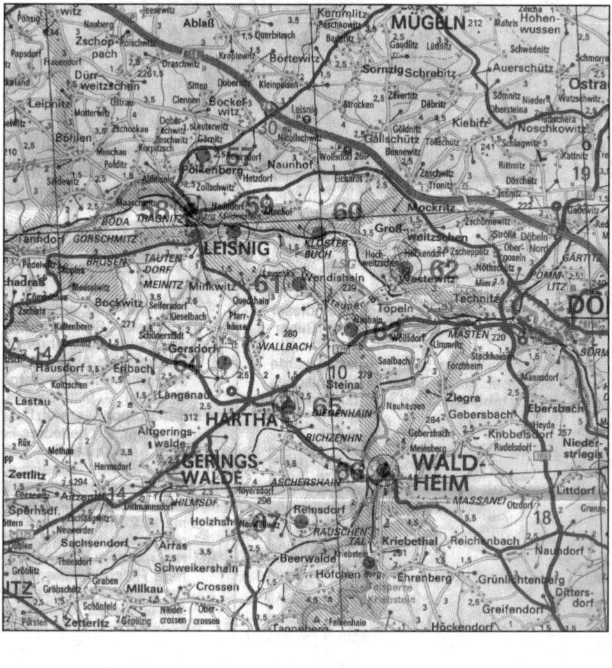

58 Eiche in Wiesenthal

Baumart: Eiche
Alter: 300-400 Jahre
Höhe: 27 m
Umfang: 550 cm
Krone: 19 m
Besonderheiten: Stieleiche mit hohlem, offenem Stamm. Kronenansatz in 5 m Höhe. Einige Äste sind ausgebrochen.
Standort: 50 m östlich der Mulde-Brücke.

59 Linde in Leisnig

Baumart: Linde
Alter: 138 Jahre
Höhe: 25 m
Umfang: 310 cm
Krone: 18 m
Besonderheiten: Prächtige Winterlinde mit starken Wurzelanläufen.1855, anläßlich des Augsburgischen Religionsfriedens gepflanzt. Burg Mildenstein aus dem 11.Jhdt., romanischer Bau, Wiprecht von Groitsch.
Standort: Am Burglehn, vor der Burg

60 Kastanie in Klosterbuch

Baumart: Eßkastanie
Alter: 200 Jahre
Höhe: 22 m
Umfang: 440 cm
Krone: 22 m
Besonderheiten: Besonders breitwüchsiger und vielastiger Baum. Gründung des Zisterzienserklosters am 1.12.1192. Siegel und Handzeichen des Kaisers Heinrich VI.
Standort: 200 m westlich des ehemaligen Klosters auf einer Freifläche.

61 Buche bei Wendishain

Baumart: Buche
Alter: 230 Jahre
Höhe: 41 m
Umfang: 450 cm
Krone: 27 m
Besonderheiten: Besonders eindrucksvolle Überhaltbuche in jüngerem Buchenbestand. Starker, gerader Stamm bis 14 m Höhe. Starke Wurzelanläufe.
Standort: 1 km nordwestlich von Wendishain, auf der „Maylust".

62 „Ziesch-Eiche" bei Hochweizschen

Baumart: Eiche
Alter: 400-500 Jahre
Höhe: 24 m
Umfang: 610 cm
Krone: 17 m
Besonderheiten: Imposanter Baum mit mächtigem Stamm. Die Rinde ist zum Teil abgefallen, Blitzschaden. Seitentriebe sind abgebrochen. Kronenansatz in 6 m Höhe.
Standort: 500 m östlich des Ortes am Bachtal nach Höckendorf.

63 Linde in Nauhain

Baumart: Linde
Alter: 350 Jahre
Höhe: 16 m
Umfang: 460 cm
Krone: 19 m
Besonderheiten: Gedrungen wirkende Winterlinde mit feinastiger, tief angesetzter Krone. Hauptäste sind abgebrochen. Gefälliges Bild mit der Kapelle aus dem 12.Jahrhundert.
Standort: An der Kirche.

64 Linde in Gersdorf

Baumart: Linde
Alter: 190 Jahre
Höhe: 23 m
Umfang: 290 + 295 cm
Krone: 17 m
Besonderheiten: Vitale Winterlinde, die sich kurz über dem Boden in zwei Stämme aufteilt. Schönes Ensemble mit der Kapelle. Die Kirche wurde 1805 erbaut.
Standort: An der Friedhofskapelle.

65 Robinie in Hartha

Baumart: Robinie
Alter: 80-120 Jahre
Höhe: 24 m
Umfang: 370 cm
Krone: 14 m
Besonderheiten: Vollbekronter Solitär, dessen Krone bereits in 3 m Höhe ansetzt, dreitriebig, starke Wurzelansätze.
Standort: An der Robert-Schumann-Straße 49.

66 Linde in Waldheim

Baumart: Linde
Alter: 277 Jahre
Höhe: 32 m
Umfang: 640 cm
Krone: 20 m
Besonderheiten: Winterlinde. Stamm mit vielen Wülsten, eingefurcht, zweitriebig. Der Baum wurde 1716 von einem Häftling (Gärtner) gepflanzt. An diesem Baum sollen zur Kaiserzeit Rückfalltäter gezüchtigt worden sein.
Standort: Hof der Justizvollzugsanstalt, vor der Anstaltskirche.

67 Straußlinde in Reinsdorf

Baumart: Linde
Alter: 250-300 Jahre
Höhe: 32 m
Umfang: 400 cm
Krone: 21 m
Besonderheiten: Winterlinde, die über kurzem, gerieftem Stamm eine hohe Anzahl von Ästen steil nach oben treibt. Reinsdorf wurde 1350 gegründet. Die erste Kirche bestand bis zum Ende des Dreißigjährigen Krieges. Das Pfarrhaus stammt aus dem Jahre 1544.
Standort: Am Pfarrhaus.

68 Ulme im Park von Tiefenau

Baumart: Ulme
Alter: 200 Jahre
Höhe: 30 m
Umfang: 465 cm
Krone: 28 m
Besonderheiten: Breitkronige, hochgewachsene, ab 4 m Höhe dreitriebige Flatterulme, ehemaliger Alleebaum in einer auewaldähnlichen Teichlandschaft. Weitere Ulme mit

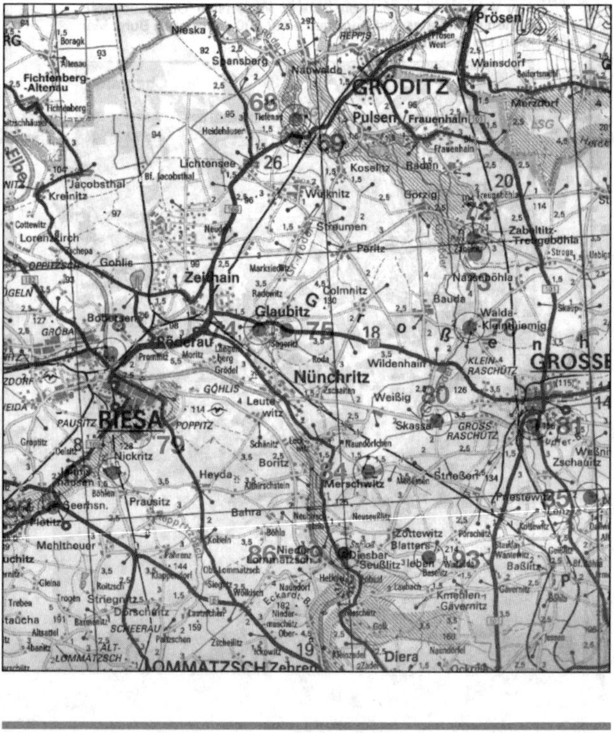

H = 30 m, U = 355 cm, Kr = 20 m in der Nähe. 40 m weiter steht eine 240-jährige Strobe, H = 23 m, U = 260 cm, Kr = 14 m. An der L 168, am Rand des Schloßparks, steht eine Graupappel, etwa 100-jährig, H = 24 m, U = 280 cm, Kr. = 15 m und eine 240-jährige Sumpfzypresse, H = 25 m, U = 270 cm, Kr = 11 m.
Standort: 100 m nördlich des Teiches, hinter dem alten Schloßpavillon. 2. Ulme auf einer Wiese 200 m nordöstlich des Teiches.

69 Eiche im Schloßpark von Tiefenau

Baumart: Eiche
Alter: 300 Jahre
Höhe: 27 m
Umfang: 410 cm
Krone: 28 m
Besonderheiten: Hochgewachsene Stieleiche mit weit ausladender Krone. In der Nähe, auf dem Friedhof in der Kurve der Landstraße steht ein etwa 20-jähriger Feldahorn, H = 19 m, U = 265 cm, Kr = 17 m.
Standort: 100 m nördlich des Teiches an der L 169.

70 Schwarzpappel an der Elbe bei Strehla

Baumart: Pappel
Alter: 100 Jahre
Höhe: 31 m
Umfang: 390 cm
Krone: 25 m
Besonderheiten: Starker Stamm mit hoher und breiter Krone, seltene, in Europa ursprüngliche Pappelart.
Standort: Vom Schloß durch den Park über die Elbwiesen direkt zur Elbe.

71 Robinien in Strehla

Baumart: Robinie
Alter: 300-400 Jahre
Höhe: 13 m
Umfang: 625 cm
Krone: 20 m
Besonderheiten: Zwei besonders knorrige, bizarre Exemplare mit kurzen, teilweise offenen, zerklüfteten Stämmen, schräg gewachsen. Der Ort stammt aus dem Jahre 1002. Schloßtürme aus dem 13. und 14. Jahrhundert. Burg der Ritter von Pflugk.
Standort: Im Schloßhof.

72 Eiche im Barockgarten von Zabeltitz

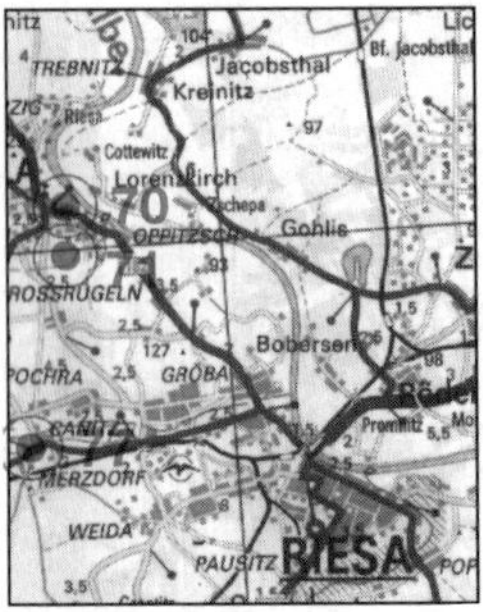

Baumart: Eiche
Alter: 350 Jahre
Höhe: 33 m
Umfang: 445 cm
Krone: 24 m
Besonderheiten: Mächtige Stieleiche mit einem langen, geraden, astfreien Stamm. Gut belaubte Krone. Die ehemalige Wasserburg in Zabeltitz wurde etwa 1200, ab 1565 als Renaissanceschloß gebaut. Park teils barock, teils englisch, mit Teichen und naturnahem, auewaldähnlichem Altholz und Alleen.
Standort: Vom ersten Parkplatz vor dem Schloß 40 m hinter der Bachbrücke in den Park bis zum Nordostufer des westlichen Teiches.

73 Vierlingsbuche in Zabeltitz

Baumart: Buche
Alter: 200-250 Jahre
Höhe: 38 m
Umfang: 520 cm
Krone: 28 m

Besonderheiten: Vom Boden aus viertriebiger Baum mit sehr hoher, weit ausladender, voll belaubter, schirmartiger Krone. In der Nähe steht eine starke, 250-jährige Kiefer, H = 21 m, U = 302 cm, Kr = 16 m.
Standort: Nahe der Nordwestspitze des westlichen Teiches, 150 m von der Stieleiche entfernt. Die Kiefer steht am Südufer des Teiches.

74 Spitzahorn in Glaubitz

Baumart: Ahorn
Alter: 300 Jahre
Höhe: 19 m
Umfang: 465 cm
Krone: 17 m
Besonderheiten: Außergewöhnlich starker Spitzahorn, ab 2 m Höhe gegabelt, sehr vital. Wurzelraum einseitig durch Parkplatz versiegelt. Vor dem Schloß steht eine starke, etwa 200-jährige Magnolie, H = 17 m, U = 220 cm, Kr = 19 m.
Standort: Am Parkplatz im Schloßpark neben dem Schloß.

75 Eiche bei Glaubitz

Baumart: Eiche
Alter: 300 Jahre
Höhe: 26 m
Umfang: 440 cm
Krone: 17 m
Besonderheiten: Stieleiche, Stamm mit starker Brettbildung und Beulen, Kronenansatz in 5 m Höhe, Überhälter in Laubmischwald.
Standort: 50 m südlich des Waldbades im Glaubitzer Wald.

76 Eiche in Walda

Baumart: Eiche
Alter: 500-600 Jahre
Höhe: 24 m
Umfang: 675 cm
Krone: 16 m

Besonderheiten: Stieleiche mit durchgehendem Stamm und wuchtigen Stammfüßen. Von der in 6 m Höhe beginnenden Krone sind die meisten alten Äste abgebrochen und vor allem an der Spitze durch junge Austriebe ersetzt.

Standort: Im Park des ehemaligen Gutes, am Fluß „Große Röder", am großen Wehr.

77 Eiche bei Canitz

Baumart: Eiche
Alter: 300-350 Jahre
Höhe: 26 m
Umfang: 545 cm
Krone: 20 m

Besonderheiten: Stieleiche mit auffallend geschwungenen Ästen, Stamm mit mehreren Köpfen. Mitteltrieb trocken, Blitzschaden.

Standort: 200 m südlich von Canitz, am Kellerberg.

78 Blutbuche an der Riesaer Hafeneinfahrt

Baumart: Buche
Alter: 180 Jahre
Höhe: 30 m
Umfang: 535 cm
Krone: 26 m

Besonderheiten: Sich gleichmäßig auflösender Stamm, starke Wurzelanläufe, markante Astansätze, sehr breite Krone. Etwa 50 m entfernt: Schwarzpappeln mit U = 550 und 535, sowie Platane mit U = 420 cm.

Standort: In Riesa auf der B 182 in Richtung Strehla, hinter der Elbhafenbrücke die erste Straße nach rechts bis zur Elbe, auf dem Deich ca. 100 m zurück Richtung Riesa.

79 Trauerbuche in Ragewitz bei Riesa

Baumart: Buche
Alter: 150-200 Jahre
Höhe: 19 m
Umfang: 305 cm
Krone: 21 m
Besonderheiten: Starke Trauerbuche mit auffallend langen Hängeästen, offensichtlich in 1,8 m Höhe gepfropft. Kronenansatz in 3 m Höhe. Schloß aus dem Jahre 1850, ursprünglich Wasserburg.
Standort: Im Schloßpark Ragewitz, südl.Riesa.

80 Lutherlinde in Skassa

Baumart: Linde
Alter: 200-250 Jahre
Höhe: 25 m
Umfang: 340 cm
Krone: 21 m
Besonderheiten: Großkronige Winterlinde, ab 4 m Höhe zweistämmig. Soll 1883 – zum vierhundertsten Geburtstag – Luther gewidmet worden sein. Neben der Kirche steht eine Platane mit den Maßen: H = 26 m, U = 390 cm, Kr = 27 m.
Standort: Vor der Kirche.

81 Eiche in Großenhain

Baumart: Eiche
Alter: 300-400 Jahre
Höhe: 26 m
Umfang: 502 cm
Krone: 22 m

Besonderheiten: markante Stieleiche mit voller Krone, wenigen Trockenästen. Etwa 400 m entfernt, am südlichen Teil des Stadtringes (B 101) steht eine Platane (H = 32 m, U = 460 cm, Kr. = 32 m).
Standort: Am westlichen Teil des Stadtringes, ca.300 m nördlich der Abzweigung nach Riesa von der B 1o1, an einem Parkplatz.

82 Ginkgo in Jahnishausen

Baumart: Ginkgo
Alter: 200-250 Jahre
Höhe: 17 m
Umfang: 525 cm
Krone: 16 m
Besonderheiten: Auffallende Baumform. Vom Boden aus in zwei sich nach außen wölbende und geschwungene Stammachsen aufgeteilt, so, als seien zwei Bäume miteinander gepflanzt worden. Schloß aus dem 16. Jahrhundert und Park aus dem 18.Jahrhundert.
Standort: Im Schloßpark, ca. 20 m westlich des Schlosses.

83 Platane in Seerhausen

Baumart: Platane
Alter: 200 Jahre
Höhe: 34 m
Umfang: 575 cm
Krone: 23 m
Besonderheiten: Erinnerung an das nach dem 2. Weltkrieg abgerissene Schloß. Park von 1695.
Standort: Schloßpark, am Sportplatz.

84 Eiche in Merschwitz

Baumart: Eiche
Alter: 220-300 Jahre
Höhe: 26 m
Umfang: 415 cm
Krone: 22 m
Besonderheiten: Vitale, alleinstehende Stieleiche mit starken Wurzelanläufen und tief angesetzter, stark verzweigter Krone, die fast bis auf den Boden herabreicht.
Standort: Neben der Kirche.

85 Pappel in Döbritzschen

Baumart: Pappel
Alter: 150 Jahre
Höhe: 28 m
Umfang: 580 cm
Krone: 24 m
Besonderheiten: Ab 2 m Höhe bilden vier Achsen eine mächtige Krone. Der Stamm ist teilweise hohl. Im Feld zwischen Döbritzschen und Göhra steht etwa 200 m östlich der Kreuzung mit der Straße Nauleis-Großenhain ein alter Wildbirnbaum (H = 14, U = 170, Kr = 11).
Standort: Am alten Dorfbrunnen an der Dorfstraße, 100 m nordwestlich der Abzweigung nach Göhra.

86 Eiche vom Brummochsenloch bei Diesbar-Seußlitz

Baumart: Eiche
Alter: 350 Jahre
Höhe: 35 m
Umfang: 420 cm
Krone: 25 m
Besonderheiten: Starke Stieleiche mit beuligem, vernarbtem Stamm. Schüttere Belaubung. Von Buche bedrängt. In der Nähe, an einem

Hohlweg, steht eine starke Buche (H = 38, U = 420, Kr = 25).
Standort: Ca.1 km südlich des Schlosses in die alte Dorfstraße einbiegen, dann dem Wiesengrund folgend, im Taleinschnitt etwa 300 m in den Wald.

87 Linde vor dem Schloß in Diesbar-Seußlitz

Baumart: Linde
Alter: 300 Jahre
Höhe: 22 m
Umfang: 420 cm
Krone: 16 m
Besonderheiten: Starke Sommerlinde mit auffallender, wieder regenerierter Kugelkrone. Haupttrieb ausgebrochen. Stamm teilweise hohl und voller Beulen und Köpfe. Guter Wächter am Eingang. Barockschloß nach früherem Kloster aus dem 12.Jhdt.
Standort: 30 m vor dem Eingang zum Schloß.

88 Blutbuche im Schloßpark von Diesbar-Seußlitz

Baumart: Buche
Alter: 175 Jahre
Höhe: 30 m
Umfang: 415 cm
Krone: 28 m
Besonderheiten: Zwei zusammengewachsene, starkastige, beulige und sehr breitkronige Blutbuchen mit starken Wurzelanläufen. In der Nähe steht eine Holländische Linde, etwa gleichalt, 28 m hoch, U = 325 cm, Kr = 20 m.
Standort: Am Teich im Schloßpark.

89 Sechslingsbuche im Schloßpark von Diesbar-Seußlitz

Baumart: Buche
Alter: 170 Jahre
Höhe: 31 m
Umfang: 550 cm
Krone: 26 m
Besonderheiten: Vom Boden aus 6-stämmiger Baum mit breit ausladender, baldachinähnlich überhängender Krone. Der Park wurde um 1830 im englischen Stil gestaltet. In der Nähe stehen eine Platane (H = 35 m, U = 395 cm, Kr = 34 m) und – 300 m östlich – eine Roßkastanie (H = 27 m, U = 310 cm, Kr = 20 m).
Standort: Am östlichen Ende des Schloßparks.

90 Alte Feldeiche bei Rödern

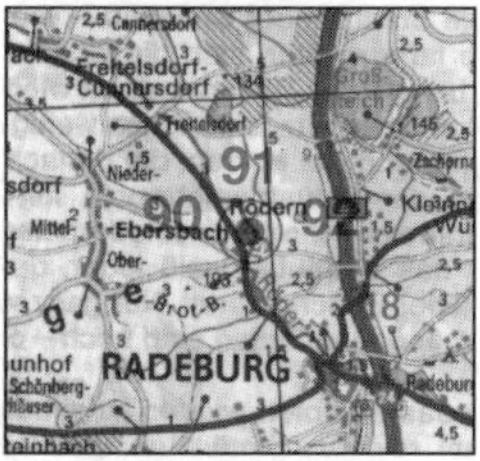

Baumart: Eiche
Alter: 400-500 Jahre
Höhe: 21 m
Umfang: 635 cm
Krone: 25 m
Besonderheiten: Stieleiche, starkstämmig und breitkronig. Wenige Trockenäste, Spechtlöcher.
Standort: Der Verlängerung der alten Dorfstraße nach Norden und dann nach Nordwesten folgen, ca. 600 m außerhalb des Ortes steht die Eiche.

91 Eiche am „Schwarzen Busch" bei Rödern

Baumart: Eiche
Alter: 400-450 Jahre
Höhe: 28 m
Umfang: 645 cm
Krone: 23 tm
Besonderheiten: Wuchtiger Stamm mit Brettbildung und Blitzschaden, straußförmig angeordnete, volle Krone.

Standort: 1,5 km nordöstlich von Rödern.

92 Knochenbergeiche bei Rödern

Baumart: Eiche
Alter: 300-400 Jahre
Höhe: 17 m
Umfang: 490 cm
Krone: 25 m
Besonderheiten: Breitkronige Stieleiche, weit sichtbar. Im Ort stehen zwei starke Eschen.
Standort: Auf einer Anhöhe ca. 600 m südöstlich von Rödern, ca. 200 m südlich der Straße nach Königsbrück.

93 Linde in Baselitz

Baumart: Linde
Alter: 250-300 Jahre
Höhe: 23 m
Umfang: 370 cm
Krone: 19 m
Besonderheiten: Breitkronige Winterlinde mit zahlreichen Trockenästen. Der Stamm ist aufgeplatzt und mit Ringen gesichert. Rundum befestigte Straße.
Standort: Hauptstraße /Abfahrt nach Diesbar-Seußlitz, auf einer Straßenkreuzung.

94 Hängebuche in Ober-Staucha

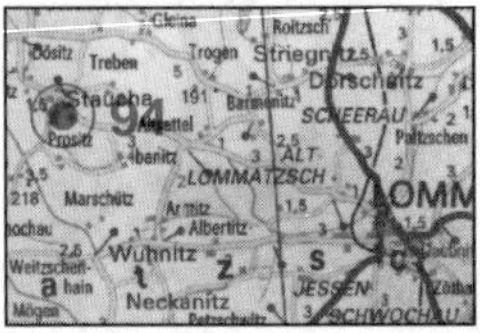

Baumart: Buche
Alter: 200 Jahre
Höhe: 16 m
Umfang: 475 cm
Krone: 14 m
Besonderheiten: Beuliger Stamm, stark verwachsene Krone. Daneben: Blutbuche (H = 22 m, U = 425 cm, Kr = 24 m) und Platane (H = 30 m,

U = 345 cm, Kr = 22 m).
Standort: Unterhalb der Kirche auf dem Spielplatz hinter dem ehemaligen Gutshof.

95 Tausendjährige Eibe in Meißen

Baumart: Eibe
Alter: 500-600 Jahre
Höhe: 11 m
Umfang: 320 cm
Krone: 15 m
Besonderheiten: Stark verwachsener, vollbekronter Solitär mit interessantem Stamm. Die Äste reichen bis auf den Boden. Die Burg wurde urkundlich 929, die Stadt 1150 erwähnt.
Standort: Freiheit Nr. 9, im Garten der Superintendentur.

96 Platane in Meißen

Baumart: Platane
Alter: 300 Jahre
Höhe: 38 m
Umfang: 675 cm
Krone: 39 m
Besonderheiten: Starker Stamm mit vielen Wucherungen und ausgeprägten Wurzelanläufen. Gewaltige, tief herabreichende Krone.
Standort: Park Siebeneichen, am alten Forsthaus.

97 Alte Eiche im Moritzburger Park

Baumart: Eiche
Alter: 400-500 Jahre
Höhe: 30 m
Umfang: 605 cm
Krone: 15 m

Besonderheiten: Knorrige, hohle Stieleiche. Von ursprünglich drei starken Hauptachsen sind zwei abgebrochen. Eine weitere, starke Eiche (H = 35 m, U = 480 cm, Kr = 24 m) steht im nördlichen Parkteil. Das Jagdschloß Moritzburg wurde von 1542 bis 1546 von Moritz von Sachsen erbaut. Alter Baumbestand und Kastanienallee im Park.

Standort: Vom nördlichen Parkeingang etwa 100 m nach Westen, dann ca.30 m westlich der Wegekreuzung im Bestand.

98 Eiche bei Graupzig

Baumart: Eiche
Alter: 500 Jahre
Höhe: 35 m
Umfang: 650 cm
Krone: 21 m

Besonderheiten: Kraftvolle Stieleiche, deren Krone in 12 m Höhe ansetzt. Rinde mit starker Brettbildung. Auffälliger, krebsartiger Wulst in 5 m Höhe.

Standort: Am Burgstädtel (slavische Anlage)

99 Linde in Heynitz

Baumart: Linde
Alter: 500-600 Jahre
Höhe: 19 m
Umfang: 580 cm
Krone: 15 m

Besonderheiten: Sommerlinde mit mächtigem, hohlem, offenem Stamm. Der größte Teil der alten Krone ist abgebrochen und durch Neuaustriebe ersetzt. Monumentale Erscheinung.
Standort: An der Straße in der Ortsmitte.

100 Eiche in Burkhardswalde

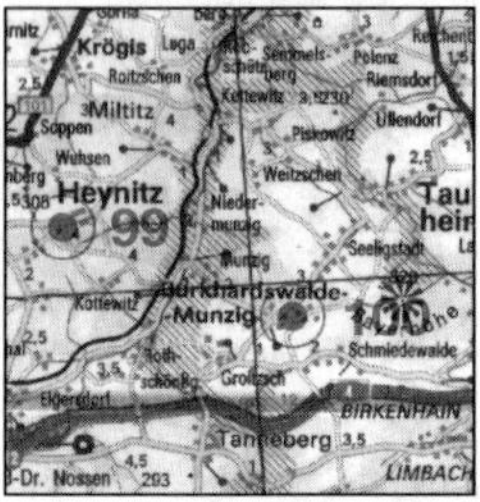

Baumart: Eiche
Alter: 300 Jahre
Höhe: 28 m
Umfang: 530 cm
Krone: 26 m
Besonderheiten: Stieleiche mit voller, vielastiger Krone, die in 7 m Höhe ansetzt. Viele Trockenäste. Rinde mit starker Brettbildung, alter Blitzschaden, mit Efeu bewachsen. Alte Wehrkirche aus dem 15.Jhdt.
Standort: Am alten Kalkofen, am westlichen Ortsrand.

101 Linde bei Klipphausen

Baumart: Linde
Alter: 400-500 Jahre
Höhe: 24 m
Umfang: 750 cm
Krone: 20 m
Besonderheiten: Starker Hofbaum, der in 5 m Höhe neben dem geraden Haupttrieb kraftvolle Seitenäste ausbildet.
Standort: Im Saubachtal, vor der Zimmermannsmühle.

102 Tausendjährige Linde in Kaditz

Baumart: Linde
Alter: 1000 Jahre
Höhe: 20 m
Umfang: 940 cm
Krone: 17 m
Besonderheiten: Ein Baummonument mit vielen Füßen, Armen und Körpern. Es steht nur noch der zur Kirche gewandte Teil des Baumes, der bei einem Brand im Jahre 1818 stark geschädigt wurde. Kirche von 1680, auf den Mauern der Laurentiuskapelle, mit einem Deckengemälde eben dieser Linde. Der Baum soll zeitweilig als Pranger gedient haben.
Standort: Dresden-Kaditz, vor der Kirche.

103 Sänger-Eiche in Dresden

Baumart: Eiche
Alter: 130 Jahre
Höhe: 26 m
Umfang: 380 cm
Krone: 20 m
Besonderheiten: Die Eiche wurde anläßlich des ersten deutschen Sängerbundfestes im Jahre 1865 als „Sinnbild deutscher Kraft, Ausdauer und Treue" gepflanzt.
Standort: Dresdener Elbwiesen, auf dem Gelände der ehemaligen Waldschlößchen-Brauerei.

104 Lindenallee in Dresden

Baumart: Linde
Alter: 270 Jahre
Höhe: 25 m
Umfang: 445 cm
Krone: 14 m
Besonderheiten: Vierreihige Allee,

ca. 1 km lang, Winterlinden, 1724 angelegt.
Standort: Am Ende der Pieschner Allee, auf der Nordseite, rechts.

105 Tiefbeastete Eiche in Dresden

Baumart: Eiche
Alter: 300-400 Jahre
Höhe: 18 m
Umfang: 520 cm
Krone: 24 m
Besonderheiten: Vollbekronte Stieleiche, deren Äste bis auf den Boden reichen. Starke Wurzelanläufe. Das Wohnhaus auf diesem Grundstück wurde 1640 erbaut.
Standort: Döbelner Straße 24 (Maria Spiogeler), im Garten, am Hang.

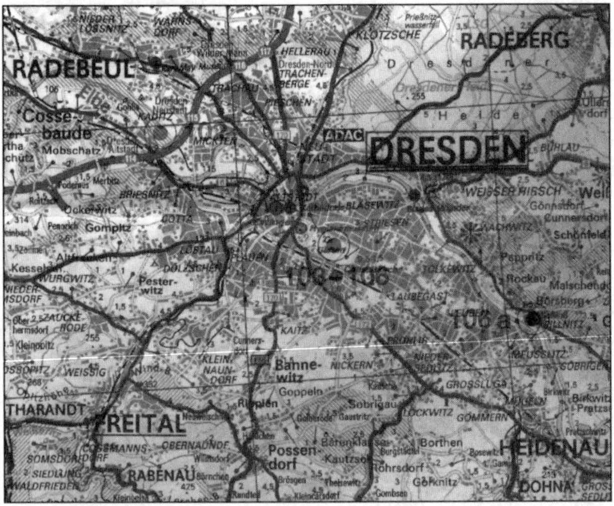

106 Eiche in Dresden

Baumart: Eiche
Alter: 300-400 Jahre
Höhe: 24 m
Umfang: 585 cm
Krone: 16 m

Besonderheiten: Alte Stieleiche. In 3 m Stammhöhe befindet sich ein offener, mit Metall abgedeckter Astausbruch. Der Stamm ist teilweise entrindet.

Standort: „Großer Garten“, Karcher Allee, gegenüber dem Haus Nr.25, am Parkrand.

106a Bäume vor Schloß Pillnitz

Baumart: Stieleiche, Ahorn, Hängebuche, Kamelie (siehe zehn Baumgeschichten)

107 Eiche in Weißkollm

Baumart: Eiche
Alter: 300 Jahre
Höhe: 32 m
Umfang: 515 cm
Krone: 24 m
Besonderheiten: Hochragende Stieleiche, die in nur 3 m Höhe gezwieselt ist und eine lockere Krone bildet. Mitteltrieb trocken.
Standort: Am südlichen Ortseingang.

108 Fünfling in Weißkollm

Baumart: Eiche
Alter: 300-400 Jahre
Höhe: 29 m
Umfang: 850 cm
Krone: 26 m
Besonderheiten: Kurz über dem Boden wird die Stieleiche vielstämmig. Die Achsen sind senkrecht gestellt und stehen dicht beieinander. Es könnten mehrere Bäume zusammengewachsen sein.
Standort: Ortsmitte, am ehemaligen Sägewerk.

109 Buche in Weißkollm

Baumart: Buche
Alter: 250 Jahre
Höhe: 25 m
Umfang: 520 cm
Krone: 19 m
Besonderheiten: Blutbuche mit einem Stamm, der aus mehreren Bäumen bestehen könnte, tief gefurcht und verwachsen. Krone tief angesetzt, zweitriebig.
Standort: Am nördlichen Rand des Parkteiches.

110 Eichengruppe in Bärwalde

Baumart: Eiche
Alter: 250-300 Jahre
Höhe: 32 m
Umfang: 420 cm
Krone: 24 m
Besonderheiten: Zwei dicht nebeneinander stehende Stieleichen mit tief angesetzten Kronen, wüchsig. Vor dem Schloß steht eine Sommerlinde (H = 23 m, U = 430 cm).
Standort: Im ehemaligen Schloßhof.

111 Tulpenbaum in Bernsdorf

Baumart: Tulpenbaum
Alter: 140 Jahre
Höhe: 34 m
Umfang: 335 cm
Krone: 16 m
Besonderheiten: Sehr starkes Exemplar dieser exotischen Baumart, vital, hochgewachsen.
Standort: Im Stadtpark.

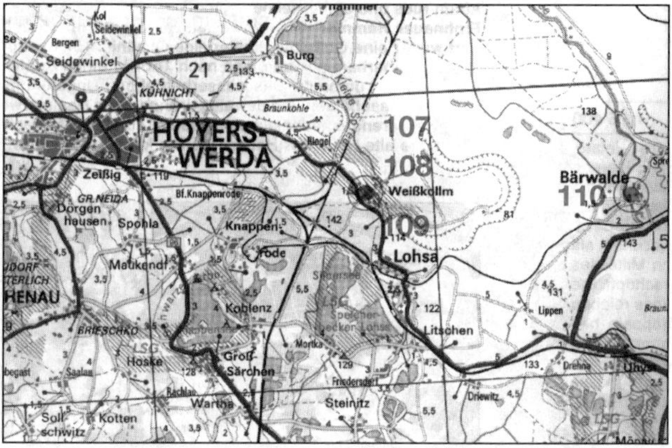

112 Platane in Bernsdorf

Baumart: Platane
Alter: 140 Jahre
Höhe: 30 m
Umfang: 570 cm
Krone: 29 m
Besonderheiten: Der Baum fällt durch seine riesige, symmetrische, voll belaubte Krone auf. Der Park wurde 1850 angelegt.
Standort: Stadtpark, Rathausallee 2.

113 “Drei Eichen“ bei Bernsdorf

Baumart: Eiche
Alter: 400-500 Jahre
Höhe: 25 m
Umfang: 550 cm
Krone: 10 m
Besonderheiten: Ehemals bekannte Gruppe von drei Alteichen. Jetzt steht nur noch diese starke Stieleiche, die durch schlangenartig gewundene Äste auffällt. Einige Stämme sind zurückgeschnitten. Senkrecht stehende Rinde weist auf hohes Alter hin.
Standort: Vom Ort zum Wasserwerk, von dort zum Waldrandweg 300 m nach Westen, in der Rechtskurve steht der Baum etwa 20 m vom Weg entfernt im Bestand.

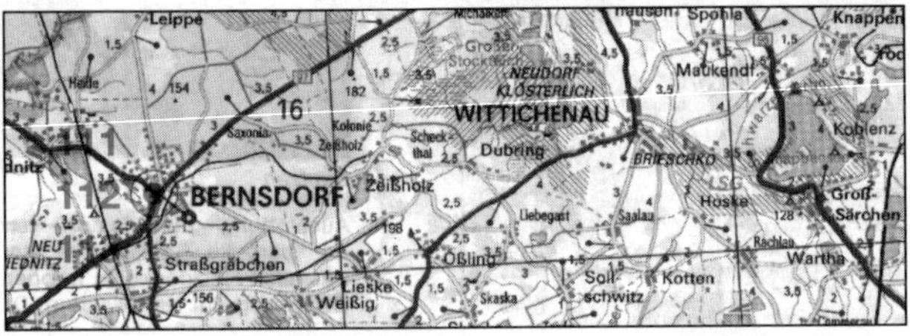

18 Linde in Lausa

37 „Schinder-Eiche“ bei Elbisbach

58 Eiche in Wiesenthal

67 Staußlinde in Reinsdorf

79 Trauerbuche in Ragewitz bei Riesa

102 Tausendjährige Linde in Kaditz

164 Alte Eiche am Großteich/Rodedeich-Damm

Übersichtskarte Sachsen

COTTBUS
Forst
Hoyerswerda
Riesa
Meißen
Radebeul
DRESDEN
Freital
Freiberg
CHEMNITZ
Zittau
Görlitz
DECIN
ÚSTÍ N. LAB.
TEPLICE
LITVINOV
MOST
CHOMUTOV
LITOMERICE
ČESKÁ LÍPA
MLADÁ BOLESLAV
LOUNY
KLADNO
PRAHA
Kadaň
Mělník
Lauchhammer
Elsterwerda
Senftenberg

227 Buche bei Höckendorf

243 „Tausendjährige Eibe“ bei Schlottwitz

244 Prachtbuche bei Berggiesshübel

280 Linde in Marienberg

168 Eiche in Horscha

283 Linde in Fröbersgrün

296 Linde in Erlbach

114 Zwei Eiben in Litschen

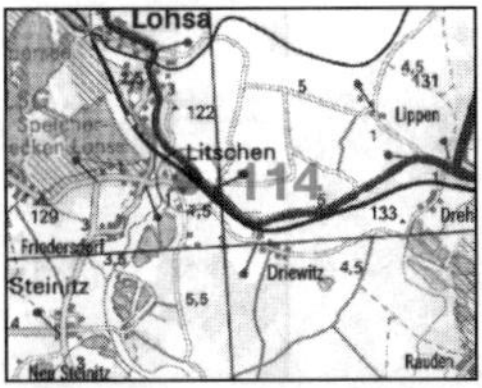

Baumart: Eibe
Alter: 450 Jahre
Höhe: 8, 8,5 m
Umfang: nicht meßbar
Krone: 7-8 m
Besonderheiten: Am Erdboden ansetzend, sechstriebig, Zweige bis auf den Erdboden reichend, ein Mitteltrieb trocken.
Standort: Dorfstraße, gegenüber Haus Nr. 41.

115 Eiche bei Brauna

Baumart: Eiche
Alter: 400-450 Jahre
Höhe: 29 m
Umfang: 565 cm
Krone: 23 m
Besonderheiten: Stieleiche mit weit ausladender, schirmartiger Krone, starke Wurzelanläufe. Weitere alte Eichen stehen in einer Allee, die im 16.Jhdt. angelegt wurde.
Standort: Am östlichen Ortsausgang in Richtung Kamenz, halbrechts den Lückersdorfer Weg entlang, nach 50 m rechts, auf der Grabenböschung.

116 Eiche in Brauna

Baumart: Eiche
Alter: 400 Jahre
Höhe: 30 m
Umfang: 550 cm
Krone: 28 m
Besonderheiten: Vitale Stieleiche, deren wuchtiger Stamm sich bereits in 3 m Höhe in mehrere, steil aufragende Hauptachsen auflöst, die eine mächtige Krone bilden.
Standort: Am südlichen Rand des Schloßparks.

117 Bergulme in Brauna

Baumart: Ulme
Alter: 250 Jahre
Höhe: 28 m
Umfang: 350 cm
Krone: 20 m
Besonderheiten: Der beschädigte und teiweise faule Stamm löst sich in etwa 3 m Höhe mehrtriebig auf und bildet eine volle, vitale, kugelförmige Krone.
Standort: Schwosdorfer Straße 3.

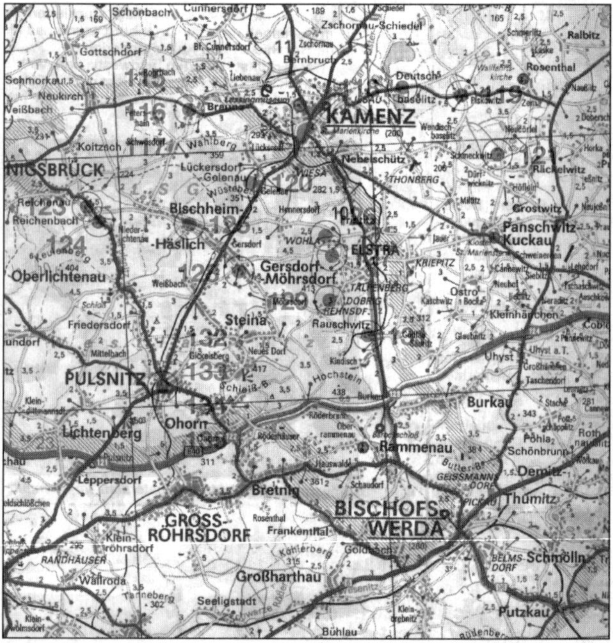

118 Damm-Eiche bei Deutschbaselitz

Baumart: Eiche
Alter: 470 Jahre
Höhe: 20 m
Umfang: 550 cm
Krone: 19 m
Besonderheiten: Knorrige, hohle Stieleiche, von der nur noch ein Starkast grün ist. Der hiesige, mit 110 Hektar größte Teich Sachsens wurde um 1520 angelegt. Die ältesten Eichen der Allee auf dem Damm stammen vermutlich aus dieser Zeit.
Standort: In Deutschbaselitz nach Norden, Richtung Campingplatz, dem Damm folgend ca. 1,5 km nördlich des Ortes.

119 Linde bei Piskowitz

Baumart: Linde
Alter: 250-300 Jahre
Höhe: 18 m
Umfang: 425 cm
Krone: 17 m
Besonderheiten: Sommerlinde mit seltsam gedrehtem, kurzen Stamm, der sich in eine vielverzweigte, volle Krone auflöst.
Standort: 100 m östlich des Ortes, an der Straße nach Rosenthal.

120 Eiche am Bahnwärterhaus Gelenau

Baumart: Eiche
Alter: 500 Jahre
Höhe: 27 m
Umfang: 625 cm
Krone: 28 m
Besonderheiten: Sehr breite, vollkronige Stieleiche, vital. Besonders markant neben der Straße.
Standort: 3 km südwestlich von Kamenz an der Straße nach Pulsnitz,

50 m südlich des Bahnübergangs am Ortsausgang Lückersdorf-Gelenau.

121 Eiche in Schmeckwitz

Baumart: Eiche
Alter: 500 Jahre
Höhe: 32 m
Umfang: 680 cm
Krone: 25 m
Besonderheiten: Breitkronige Stieleiche, teilweise hohl, alt saniert mit Betonplombe, einige Trockenäste. Am Baum befindet sich eine Gedenktafel an Elsa Brandström, die zeitweilig in der Nähe wohnte.
Standort: Auf einer Streuobstwiese 20 m westlich der Abzweigung der Weinbergstraße .

122 Ruhland-Eiche bei Würschnitz

Baumart: Eiche
Alter: 300-400 Jahre
Höhe: 28 m
Umfang: 535 cm
Krone: 25 m
Besonderheiten: Schöne Feldeiche mit starken Wurzelanläufen und beuligem Stamm, über dem in etwa 7 m Höhe eine vitale, kugelige Krone sitzt. Die Stieleiche ist nach dem Förster Ruhland benannt.
Standort: 300 m östlich des Ortes.

123 Eiche in Reichenbach

Baumart: Eiche
Alter: 400-450 Jahre
Höhe: 28 m
Umfang: 515 cm
Krone: 28 m
Besonderheiten: Markante Stieleiche mit hoher und breiter Krone und mächtigen Wurzelanläufen.

Standort: An der Dorfstraße (Seitenweg 5) ca.100 m südlich des Sportplatzes, in einer Hofeinfahrt.

124 Eiche bei Reichenbach

Baumart: Eiche
Alter: 400-500 Jahre
Höhe: 24 m
Umfang: 590 cm
Krone: 30 m
Besonderheiten: Außergewöhnlich breitkronige Stieleiche mit riesigen, z. T. ausgewaschenen Wurzelanläufen.
Standort: Von Reichenbach in Höhe des Sportplatzes dem Hinweisschild „Gärtnerei Weise" auf dem Feldweg folgen. Nach etwa 500 m steht die Eiche 50 m rechts des Weges auf einer Wiese.

125 Roteiche in Bischheim-Häslich

Baumart: Eiche
Alter: 150-200 Jahre
Höhe: 26 m
Umfang: 400 cm
Krone: 27 m
Besonderheiten: Breitkroniger Baum, schräg über den Teich gewachsen. Parkanlage mit zahlreichen alten Bäumen und Rhododendron.
Standort: Am Südrand des Teiches im Schloßpark.

126 Franzosenlinde bei Wohla

Baumart: Linde
Alter: 400-500 Jahre
Höhe: 24 m
Umfang: 600 cm
Krone: 17 m
Besonderheiten: Sommerlinde mit

schütterer, oben absterbender Krone und neuem Kronenansatz im unteren Bereich. Auf dem nahen Hügel soll Napoleon auf einem seiner Feldzüge gelagert haben. Ein fahnenflüchtiger, französischer Soldat, der sich in der Linde versteckte, soll so unglücklich in den Baum hineingerutscht sein, daß er darin umkam.
Standort: 50 m westlich der Abfahrt nach Bodewitz von der Straße Prietitz-Hennersdorf.

127 Ahorn in Wohla

Baumart: Ahorn
Alter: 400 Jahre
Höhe: 30 m
Umfang: 685 cm
Krone: 20 m
Besonderheiten: Gewaltiger, vom Boden aus dreistämmiger, hohler Bergahorn. Im Jahre 1902 mit Eisenstreben verspannt. Zwei der Triebe sind ab 6 m Höhe abgebrochen, mit neuem, vitalen Kronenansatz.
Standort: An der Kreuzung Bodewitz/Prietitz/ Hennersdorf, auf dem Grundstück Hohlefeld.

128 Kirchenlinde in Gersdorf-Möhrsdorf

Baumart: Linde
Alter: 400-500 Jahre
Höhe: 19 m
Umfang: 690 cm
Krone: 15 m
Besonderheiten: Winterlinde mit sehr starkem, hohlem Stamm, der in 8 m Höhe abgebrochen ist. Neue, vitale Krone. Verwachsene Wurzelanläufe. Auf einer Anhöhe östlich des Ortes steht eine etwa 250-jährige

Gerichtslinde mit den Maßen H = 18 m, U = 310 cm, Kr =12 m, eine Nachpflanzung der ursprünglichen Linde am Gerichtsort.
Standort: Zwischen Straße und Kirche.

129 Lindengruppe am Paß bei Rehnsdorf

Baumart: Linde
Alter: 400-500 Jahre
Höhe: 22 m
Umfang: 530 cm
Krone: 13 m
Besonderheiten: Gruppe von vier alten Linden, Landschaftsmarken, durch exponierte Lage vom Wind geprägt. Die oben beschriebene stärkste hat einen hohlen Haupttrieb. Kronenansatz in 2 m Höhe, stark verwachsen.
Standort: Am westlichen Ortsausgang von Elstra-Rehnsdorf in Richtung Gersdorf-Möhrsdorf, dem Feldweg in Richtung Steina etwa 300 m bis zu einer Anhöhe rechts des Weges folgen.

130 Buche bei Ottendorf-Okrilla

Baumart: Buche
Alter: 200-250 Jahre
Höhe: 34 m
Umfang: 400 cm
Krone: 18 m
Besonderheiten: Langer, leicht gedrehter, gefurchter Stamm, Ansatz der vitalen, hohen Krone in 15 m Höhe.
Standort: 3 km nordöstlich des Ortes in einem Kiefern- und Fichtenbestand.

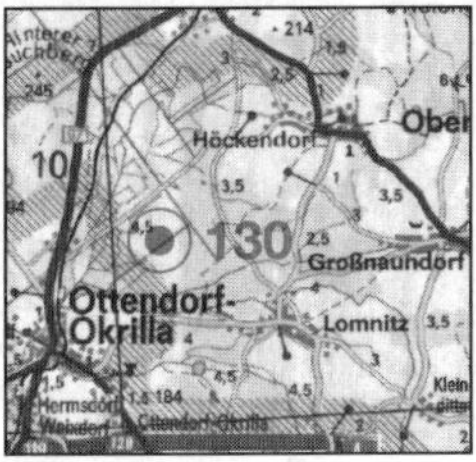

131 Wildbirnbaum bei Rauschwitz

Baumart: Wildbirnbaum
Alter: über 200 Jahre
Höhe: 16 m
Umfang: 360 cm
Krone: 18 m
Besonderheiten: Ungewöhnlich starkes Exemplar. Mehrstämmige Krone ab etwa 2 m Höhe, mit weit ausladenden Ästen. Starke Wurzelanläufe.
Standort: Dem Mühlweg am nördlichen Ortsausgang Richtung Elstra ca. 300 m bis über den Bach folgen.

132 Eiche bei Pulsnitz

Baumart: Eiche
Alter: 400-500 Jahre
Höhe: 23 m
Umfang: 700 cm
Krone: 17 m
Besonderheiten: Stieleiche mit kurzem Stamm. Die eine Hälfte der Krone ist ausgebrochen.
Standort: Ortsausgang Pulsnitz in Richtung Friedersdorf, links am ehemaligen Mühlgraben.

133 Linde beim Schloß Pulsnitz

Baumart: Linde
Alter: 400-500 Jahre
Höhe: 31 m
Umfang: 550 cm
Krone: 25 m
Besonderheiten: Winterlinde mit mächtiger, ab 3 m Höhe fünfstämmiger Krone. Boden an drei Seiten stark verdichtet. Alter Laubbaumbestand und Laubengang im Schloßpark, u. a. alte, starke Hainbuche im südlichen Teil des Parks, oberhalb des Teiches (H = 23 m, U = 375 cm, Kr .= 25 m).

Standort: Vor dem Tor zum Schloßpark.

134 Eiche in Pulsnitz

Baumart: Eiche
Alter: 500 Jahre
Höhe: 30 m
Umfang: 680 cm
Krone: 26 m
Besonderheiten: Interessante Stieleiche, Erdstamm stark drehwüchsig, Rinde brettartig, Kronenäste auffallend geschwungen. Park im 17. Jhdt. angelegt.
Standort: Klinik-Park, an der Mauer zur Großröhrsdorfer Straße.

135 Linde in Pulsnitz

Baumart: Linde
Alter: 300 Jahre
Höhe: 19 m
Umfang: 465 cm
Krone: 22 m
Besonderheiten: Die Sommerlinde hat nur einen kurzen Stamm, über dem sich eine halbrunde Krone aufreckt.
Standort: Ortsausgang nach Königsbrück, rechts, an der alten Schäferei.

136 Eiche in Klein röhrsdorf

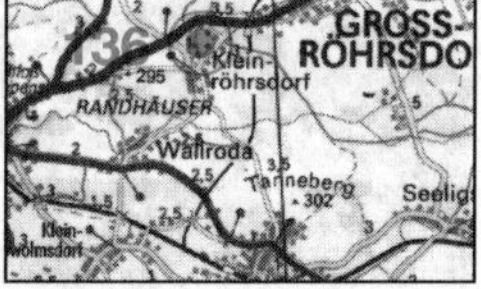

Baumart: Eiche
Alter: 300 Jahre
Höhe: 28 m
Umfang: 460 cm
Krone: 26 m
Besonderheiten: Harmonisch gewachsene Stieleiche mit hoch angesetzter, gleichmäßiger Krone.
Standort: Großröhrsdorfer Straße, gegenüber dem Haus Nr.11.

137 Linde in Kühnicht

Baumart: Linde
Alter: 300 Jahre
Höhe: 27 m
Umfang: 560 cm
Krone: 23 m
Besonderheiten: Die Winterlinde löst sich kurz über dem Boden in zwei Haupttriebe und mehrere Seitenachsen auf und zwieselt oft im Astwerk. Starke Wurzelanläufe.
Standort: Kühnichter Straße Nr.9 / Bushaltestelle Forsthaus.

138 Zwei Sumpfzypressen in Hoyerswerda

Baumart: Sumpfzypresse
Alter: 150 Jahre
Höhe: 19, 22 m
Umfang: 240, 290 cm
Krone: 11, 11 m
Besonderheiten: Seltene, exotische Baumart, gesund, voll belaubt.
Standort: Ackerstraße, vor dem Lidl-Markt.

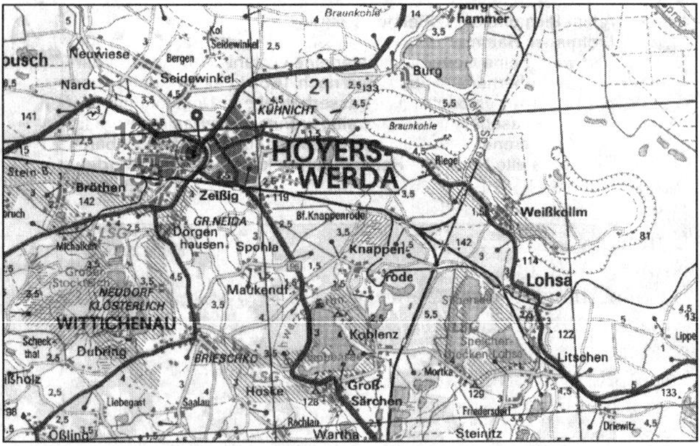

139 Narbiger Veteran im Schloßpark Milkel

Baumart: Eiche
Alter: 400 Jahre
Höhe: 18 m
Umfang: 495 cm
Krone: 15 m
Besonderheiten: Knorrige, hohle Stieleiche mit stark reduzierter Krone, zahlreichen Trockenästen. Das Barockschloß Milkel – ursprünglich von sorbischen Fronbauern, vermutlich im 14. Jhdt. erbaut – wurde zu Beginn des 18.Jhdts. in den heutigen Baustil versetzt. Zahlreiche alte Bäume im Schloßpark und außerhalb, u.a. etwa 100 m von der hier beschriebenen Eiche entfernt, auf der Wiese, eine markante Vierergruppe von etwa 200-jährigen Stieleichen mit Umfängen von 230,250,270 und 270 cm, H = 25 m, Kr = 28 m.
Standort: Von der Straße durch den Park zum Schloß, 50 m vor diesem, direkt hinter der Brücke 200 m nach links.

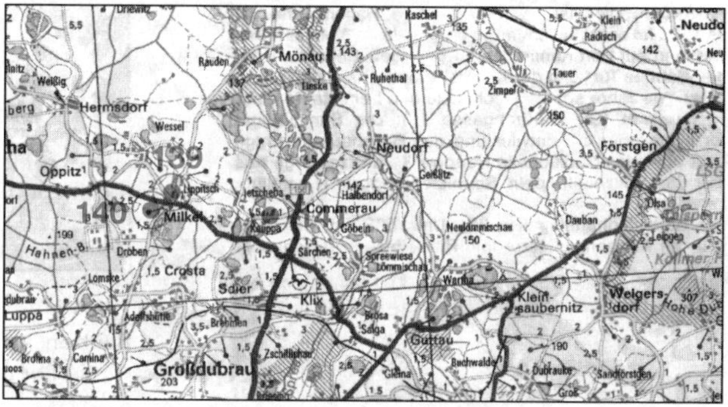

140 Zwillingseiche im Schloßpark Milkel

Baumart: Eiche
Alter: 400 Jahre
Höhe: 34 m
Umfang: 545 cm
Krone: 27 m

Besonderheiten: Riesige Stieleiche mit weiter Krone. Vermutlich zwei miteinander, mehrere Meter hoch verwachsene Bäume. Starke Wurzelanläufe.

Standort: Im nördlichen Teil des Schloßparks, ca. 100 m links hinter dem Eingang in Sportplatznähe.

141 Siebenstämmige Buche bei Kauppa

Baumart: Buche
Alter: 250 Jahre
Höhe: 34 m
Umfang: 740 cm
Krone: 28 m

Besonderheiten: Imponierende Vielstammbuche. Die Triebe dürften alle aus einem Stock entspringen.

Standort: Im Wald, 350 m südöstlich von Kauppa.

142 Alteiche am Weiher von Niedergurig

Baumart: Eiche
Alter: 600 Jahre
Höhe: 27 m
Umfang: 875 cm
Krone: 30 m

Besonderheiten: Vollbekronte Stieleiche mit sehr massigem, teilweise morschem Stamm mit starker Brettbildung. Kronenansatz in 4 m Höhe, Starkäste bis in den Außenbereich gehend. Rest eines alten Hutebestandes.

Standort: 1 km südlich des Ortes, am Ziegelteich.

Baumart: Eiche
Alter: 500 Jahre
Höhe: 32 m
Umfang: 620 cm
Krone: 19 m
Besonderheiten: Drei Stieleichen. Zwei stehen 2 m nebeneinander und wirken wie enge Geschwister. Die stärkste, in 4 m Höhe zwieselnde, wurde vermessen.
Standort: 500 m nördlich von Rackel, vor der Autobahn Dresden – Görlitz.

143 Eichengruppe bei Rackel

Baumart: Weide
Alter: 100 Jahre
Höhe: 15 m
Umfang: 460 cm
Krone: 19 m
Besonderheiten: Durchgewachsene Kopfweide mit zahlreichen starken Trieben, einseitig weit ausladende Krone, interessante Baumform, Silberweide.

144 Alte Kopfweide von Uhyst am Taucher

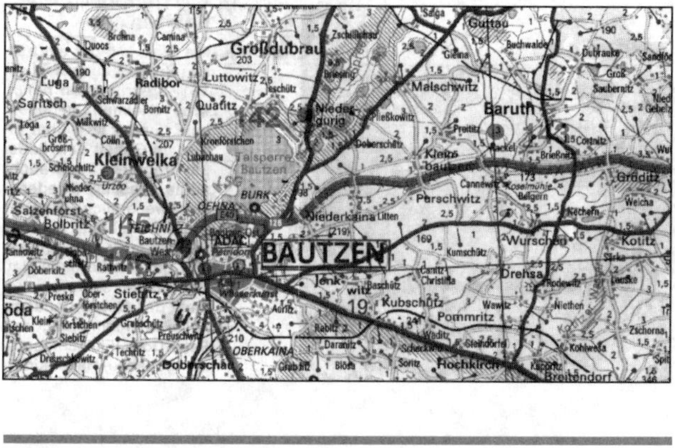

Standort: Auf einer Weide 250 m westlich der Kirche, 50 m neben der Straße nach Kaschwitz.

144a Eiche an der Fehrmann-Mühle bei Göda

Baumart: Eiche
Alter: 170 Jahre
Höhe: 30 m
Umfang: 520 cm
Krone: 35 m
Besonderheiten: Gewaltiger Stamm mit mächtiger Krone.
Standort: An der Fehrmann-Mühle, am Zufluß des Mühlbaches zum Bach. Von Göda 2 km in Richtung Coblenz.

145 Eichengruppe bei Teichnitz (Bautzen-West)

Baumart: Eiche
Alter: 350-400 Jahre
Höhe: 30 m
Umfang: 675 cm
Krone: 22 m
Besonderheiten: Gruppe von drei Stieleichen mit gutem Wuchs und interessanten Baumformen.
Standort: 800 m westlich des Ortes, im Jordantal.

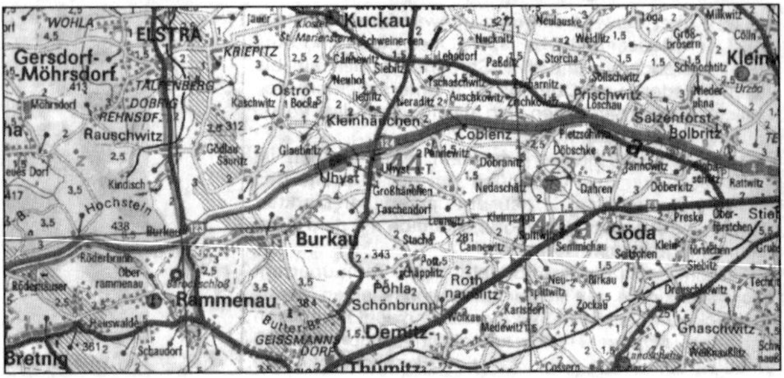

146 Linde bei Bautzen

Baumart: Linde
Alter: 300-350 Jahre
Höhe: 28 m
Umfang: 590 cm
Krone: 22 m
Besonderheiten: Mächtiger, stark gefurchter Erdstamm, mit Köpfen und Beulen besetzt, der sich ab 3 m Höhe in mehrere, teils jüngere Achsen aufteilt. Winterlinde.
Standort: Humboldt-Hain – südwestlich der Stadt – oberhalb des ehemaligen Steinbruchs.

147 Pfarrlinde bei Frankenthal

Baumart: Linde
Alter: 210 Jahre
Höhe: 21 m
Umfang: 380 cm
Krone: 13 m
Besonderheiten: Winterlinde mit steil gestellten Hauptachsen. Krone stark zerzaust. Stamm hohl, 1939 mit Beton ausgefüllt. Der Baum wurde 1783 anläßlich der Geburt des ersten Sohnes des damaligen Pfarrers gepflanzt. Kirche von 1346.
Standort: 800 m nördlich des Ortes, rechts an der Straße nach Rammenau.

148 Hainbuche bei Schönberg

Baumart: Hainbuche
Alter: 160-180 Jahre
Höhe: 15 m
Umfang: 220 cm
Krone: 17 m
Besonderheiten: Auffallend schöner, gesunder Baum, herausragend für eine Hainbuche.
Standort: Westlich von Schönberg,

nördlich von Cunewalde, in Hanglage auf Brachland. Ein Feldweg führt zum Baum.

149 Birkgut-Linde in Steinigtwolmsdorf

Baumart: Linde
Alter: 500 Jahre
Höhe: 26 m
Umfang: 770 cm
Krone: 29 m
Besonderheiten: Mächtige Sommerlinde, die sich in 2 m Höhe vielseitig verzweigt. 1992 saniert, Halteseile.
Standort: Birkenstraße 18, Birkengut.

150 Sieben Linden bei Steinigtwolmsdorf

Baumart: Linde
Alter: 120 Jahre
Höhe: 16 m
Umfang: 385 cm
Krone: 10 m
Besonderheiten: Sieben Sommerlinden, Kronen z. T. abgebrochen, Stämme z. T. hohl. Der ehemalige Gutsherr Bonikau ließ bei der Geburt seiner Kinder jeweils eine Linde pflanzen.
Standort: 400 m westlich des Ortes an der Neustädter Straße, auf einer Anhöhe, die früher ein Thingplatz war.

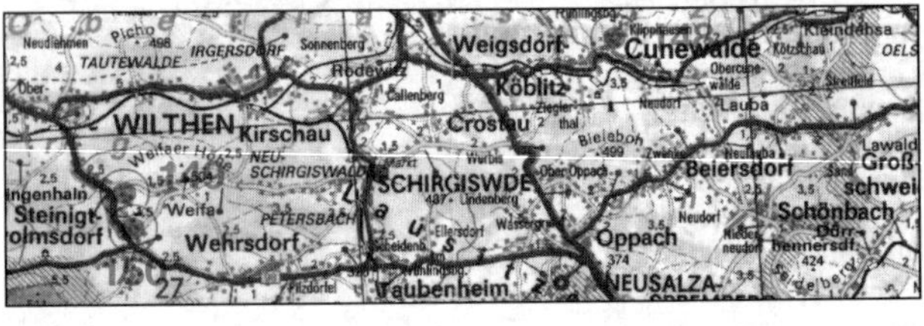

151 Mammutbaum im Muskauer Schloßpark

Baumart: Sequoia
Alter: 180 Jahre
Höhe: 27 m
Umfang: 520 cm
Krone: 13 m
Besonderheiten: Interessanter Exote. Der Park wurde etwa um 1817 von Fürst Pückler angelegt.
Standort: Östlich des Schlosses im Park.

152 Blutbuche vor dem Schloß Muskau

Baumart: Buche
Alter: 200 Jahre
Höhe: 25 m
Umfang: 750 cm
Krone: 30 m
Besonderheiten: Prächtiger Solitär mit voller, gleichmäßiger Krone und

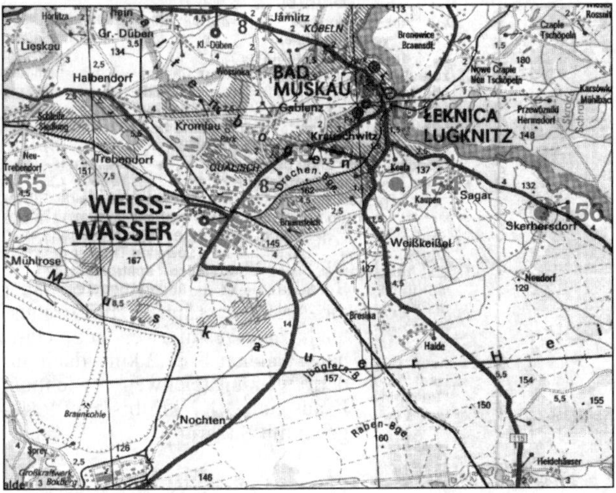

auffallendem Wurzelkranz, der einen Umfang von 17 m erreicht. Der Baum wurde 1825 im Alter von 40 Jahren verpflanzt.
Standort: An der südlichen Schloßrampe.

153 Eiche in Krauschwitz

Baumart: Eiche
Alter: 500 Jahre
Höhe: 32 m
Umfang: 690 cm
Krone: 22 m
Besonderheiten: Imponierende Stieleiche mit hoch angesetzter Krone und steil gestellten Ästen. Brettartige Rinde.
Standort: An der Legnitzka 28.

154 Plattenkiefern im Naturschutzgebiet Keulaer Tiergarten

Baumart: Kiefer
Alter: 240 Jahre
Höhe: 33 m
Umfang: 260 cm
Krone: 8 m
Besonderheiten: Plattenkiefer, die sich durch eine großschuppige, plattige Rinde vom Normaltyp abhebt. 15 m langer, astfreier Schaft. Am Braunsteichweg stehen mehrere solcher Kiefern, die wahrscheinlich autochthon sind.
Standort: Von Weißwasser über die Straße der Einheit zum Braunsteich, am Westuferweg zum Gasthaus Waldhaus – 1,2 km-, dann auf dem Braunsteichweg Richtung Krauschnitz, 1,2 km bis zur Wegegabel mit Sitzgruppe.

155 Alteichen am Grünen Weg bei Weißwasser

Baumart: Eiche
Alter: 450-500 Jahre
Höhe: 34 m
Umfang: 360 cm
Krone: 18 m
Besonderheiten: Interessanter Wanderweg mit zahlreichen Alteichen – die ältesten werden auf 450-500 Jahre geschätzt – urwüchsige Naturbestände, teilweise gut geformt. Hier beschrieben: Traubeneiche. Am Weg auch einige Plattenkiefern.
Standort: Grüner Weg von Weißwasser zum Jagdschloß, ab Feuerwachturm Alteichen zu beiden Seiten, nach 3 km Urwald Weißwasser wurde die Eiche gemessen.

156 Eiche in Skerbersdorf

Baumart: Eiche
Alter: 300-400 Jahre
Höhe: 28 m
Umfang: 600 cm
Krone: 25 m
Besonderheiten: Stieleiche mit voller, hoher, in 7 m Höhe ansetzender Krone und beuligem Stamm.
Standort: Lindenstraße, im Ostteil des Ortes.

157 Linde in Podrosche

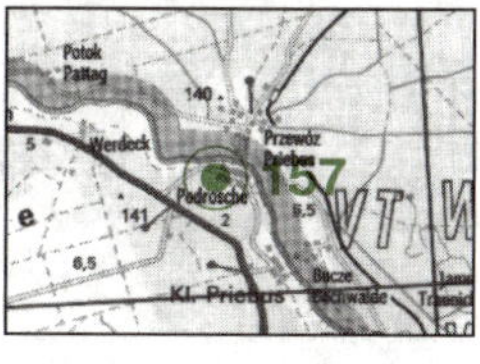

Baumart: Linde
Alter: 300 Jahre
Höhe: 25 m
Umfang: 410 cm
Krone: 17 m
Besonderheiten: Winterlinde mit starkem Wurzelansatz, die sich in 3 m Höhe aufteilt und eine volle Krone bildet. Stamm mit vielen Wülsten und Köpfen. Der Kirchberg ist einge-

faßt von alten Stiel- und Roteichen.
Standort: Am Aufgang zum Kirchberg, links.

158 Zwillingseiche in Nochten

Baumart: Eiche
Alter: 400 Jahre
Höhe: 27 m
Umfang: 655 cm
Krone: 17 m
Besonderheiten: Vor kurzem wurde eine Achse des Zwiesels vom Sturm abgerissen. Früher war die Stieleiche ab 2 m mehrtriebig, jetzt steht sie wie das Spiegelbild des Turmes vor der Kirche. Weitere Eichen stehen auf dem Spielplatz vor der Kirche aus dem Jahre 1748.
Standort: Vor der Kirche.

159 Linde in Sprey

Baumart: Linde
Alter: 400 Jahre
Höhe: 19 m
Umfang: 445 cm
Krone: 17 m

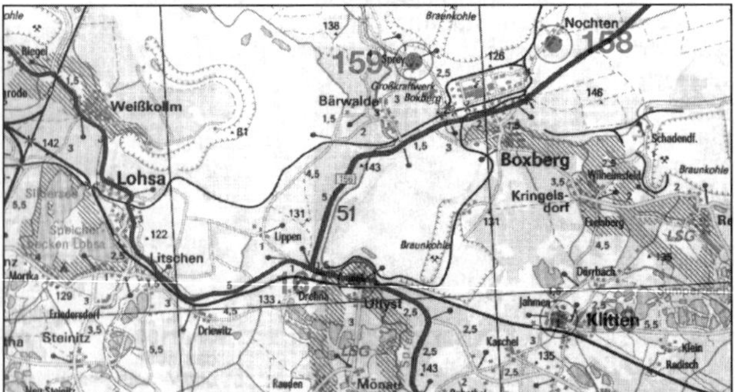

Besonderheiten: Winterlinde mit tief gegabeltem, hohlem Stamm mit starken Wurzelanläufen und bis zum Boden überhängender, breiter Krone. 200 m nördlich steht die Schrotholzkirche (mit der Axt behauene Stämme, nicht vernagelt) von 1750, mit einem Altarbild von 1480. 200 m südlich des Ortes: Wacholderheide.
Standort: Ca. 50 m östlich der Gaststätte.

160 Hufeisenulme in Daubitz

Baumart: Ulme
Alter: 400-500 Jahre
Höhe: 20 m
Umfang: 705 cm
Krone: 15 m
Besonderheiten: Die Flatterulme steht nur noch auf dem äußeren Mantel ihres hohlen und offenen Stammes. Die lichte Krone wird von wenigen, jungen Ästen gebildet.
Standort: Muskauer Straße 42.

161 Eiche bei Rietschen

Baumart: Eiche
Alter: 450 Jahre
Höhe: 30 m
Umfang: 590 cm
Krone: 25 m
Besonderheiten: Die Stieleiche wirkt wie ein riesiger Strauß. Über einem starken Stamm streben zahlreiche Starkäste nach oben und nach allen Seiten und verzweigen sich vielfach in immer dünner werdende Zweige. Die Rinde zeigt eine starke Brettbildung.
Standort: 1 km südwestlich des Ortes auf einem Acker.

162 Eiche bei Uhyst a. d. Spree

Baumart: Eiche
Alter: 400-500 Jahre
Höhe: 14 m
Umfang: 515 cm
Krone: 21 m

Besonderheiten: Zerzauste Traubeneiche, allein in der Flur am Rande des Tagebaus. Der Stamm teilt sich in 3 m Höhe mehrfach auf, die Äste schwingen weit aus und sind spitzendürr. Eine Erscheinung, die zu den Landschaftsschäden paßt. In Uhyst mehrere Parks mit interessanten Bäumen. Vor dem Schloß am Graben eine Alteiche von 22 m Höhe und einem Umfang von 610 cm.

Standort: 500 m nördlich des Ortes, an der früheren Straße von Uhyst nach Schöpfsdorf, am Tagebau.

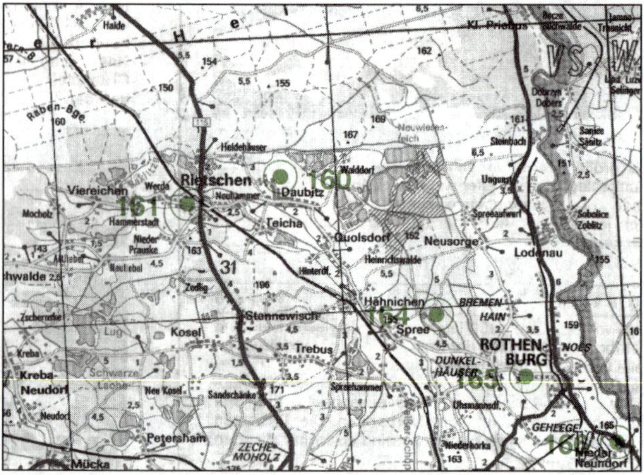

163 Ulme in Klitten

Baumart: Ulme
Alter: 250-300 Jahre
Höhe: 28 m
Umfang: 470 cm
Krone: 25 m
Besonderheiten: Ungewöhnlich starke und breitkronige Feldulme, ab 3,5 m Höhe zweitriebig. Im Park östlich des Gutes weitere alte Bäume.
Standort: Im Ort, 150 m nördlich der Straße Niesky – Hoyerswerda der Straße zum Angelteich folgend, nahe dem Eingang zum ehemaligen Gut Jahmen.

164 Alte Eiche am Großteich/ Rodedeich-Damm bei Quolsdorf

Baumart: Eiche
Alter: über 500 Jahre
Höhe: 22 m
Umfang: 540 cm
Krone: 18 m
Besonderheiten: Stärkste Stieleiche, am nördlichen Futterplatz, Stamm und Äste mit tausend Köpfen, Gesichtern und Figuren, eindrucksvolle Märchenfigur. Auf dem Damm stehen Eichen unterschiedlichen Alters, von 120 bis zu 400 Jahren. Bemerkenswerte Alteichen stehen am Schemsteich und den übrigen Teichen. Naturschutzgebiet, 600 ha groß mit 25 Teichen (540 ha). See- und Fischadler, Fischotter, Kraniche, Kormorane, Gänse und viele Entenarten.
Standort: Vom Ortsende Daubitz in Richtung Walddorf, in Höhe des Nordufers des Großen Niederteichs nach Osten abbiegen und dann den Damm zwischen Rodedeich

und Großteich nach Norden begehen.

165 Weide in Rothenburg

Baumart: Weide
Alter: 80-100 Jahre
Höhe: 40 m
Umfang: 500 cm
Krone: 19 m
Besonderheiten: Ungewöhnlich starkes Exemplar dieser Baumgattung. Stamm mit starker Brettbildung der Rinde und Wülsten.
Standort: Im Park, 100 m nordwestlich des Martinshofes.

166 Zigeunereiche bei Niederneundorf

Baumart: Eiche
Alter: 250-300 Jahre
Höhe: 22 m
Umfang: 380 cm
Krone: 20 m
Besonderheiten: Zigeunertreffpunkt. Gedrehter Stamm, teilweise hohl, in 4 m Höhe gezwieselt. Die Zwieselung setzt sich in der Krone fort.
Standort: Waldweg von Niederneundorf in Richtung Wurzeldammweg, 1,5 – 2 km an Wegegabelung. Revier Rothenburg, Abt.712.

167 Platane in Horscha

Baumart: Platane
Alter: 200 Jahre
Höhe: 36 m
Umfang: 495 cm
Krone: 32 m
Besonderheiten: Starker Baum mit asymmetrischer Krone. Stamm z.T. morsch, mit starken Wurzelanläufen.
Standort: Im ehemaligen Gutspark, nördlich der ehemaligen Mühle.

168 Eiche in Horscha

Baumart: Eiche
Alter: 300-400 Jahre
Höhe: 27 m
Umfang: 655 cm
Krone: 24 m
Besonderheiten: Auffallende Figuren am Stamm, der teilweise morsch ist und eine starke Brettbildung aufweist. Viele Äste sind abgestorben.
Standort: Im ehemaligen Gutspark, 80 m westlich des Teiches.

169 Linde in Horka

Baumart: Linde
Alter: über 500 Jahre
Höhe: 13 m
Umfang: 580 cm
Krone: 14 m
Besonderheiten: Der Erdstamm der Winterlinde ist gespalten, zerklüftet und hohl. Über ihm und aus ihm sprossen wesentlich jüngere Triebe

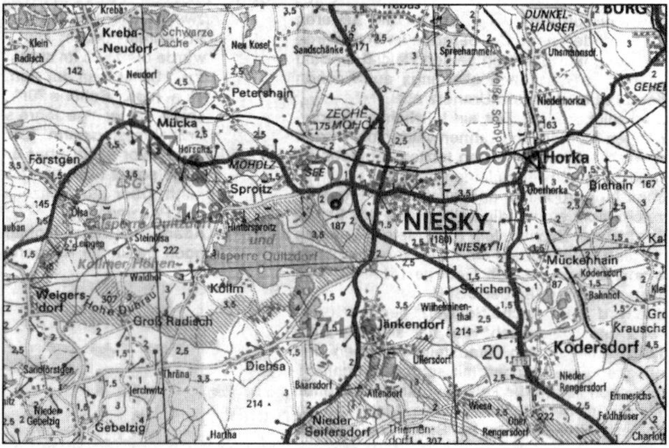

hervor, welche die Kraft der Linde dokumentieren. Ein Zeichen der Hoffnung. Ersterwähnung des Ortes als „Horki" 1346.Wehrkirche aus dem 12./13.Jhdt. als Holzkapelle. Altarraum mit frühgotischen Elementen. Die Wehrmauern um den Kirchhof wurden nach den Hussitenkriegen (1419-1436) höher aufgebaut.
Standort: Vor der Wehrkirche, am Pfarrhaus.

170 Schwarzkiefer bei Niesky

Baumart: Kiefer
Alter: 100-150 Jahre
Höhe: 27 m
Umfang: 260 cm
Krone: 13 m
Besonderheiten: Die Schwarzkiefer ist hier nicht standortsgerecht. Sie wird als Wahrzeichen für die Geschichte des Dorfes aufgeführt. Böhmische Religions-Exilanten gründeten die „Herrnhuter Brüdergemeinde Niesky". Der Ort wurde 1742 erstmals urkundlich erwähnt. Das bedeutende Pädagogium wurde 1760 gegründet.
Standort: 2 km westlich von Niesky, 50 m westlich der B 178, 300 m südlich der Schäferei Jänkendorf.

171 Erle bei Jänkendorf

Baumart: Erle
Alter: 150-200 Jahre
Höhe: 32 m
Umfang: 300 cm
Krone: 17 m
Besonderheiten: Ein besonders wüchsiges Exemplar der Gattung Er-

le. Typisch ist der gerade Wuchs und die gleichmäßige Krone.
Standort: Im geschützten Park, 50 m östlich des „Schwarzen Schöpses“ (Fluß), 200 m südlich des alten Gärtnerhauses.

172 „Tausendjährige Eiche“ in Ebersbach

Baumart: Eiche
Alter: 900-1000 Jahre
Höhe: 18 m
Umfang: 980 cm
Krone: 6 m
Besonderheiten: Ein wirklicher Veteran, der nur noch mit einem Haupttrieb lebt. Der andere, abgestorbene, trägt ein Storchennest. Die Traubeneiche ist letzter Zeuge einer Richtstätte.
Standort: Dorfstraße 122.

173 Wotan-Eiche bei Mengelsdorf

Baumart: Eiche
Alter: 450-500 Jahre
Höhe: 28 m
Umfang: 460 cm
Krone: 25 m

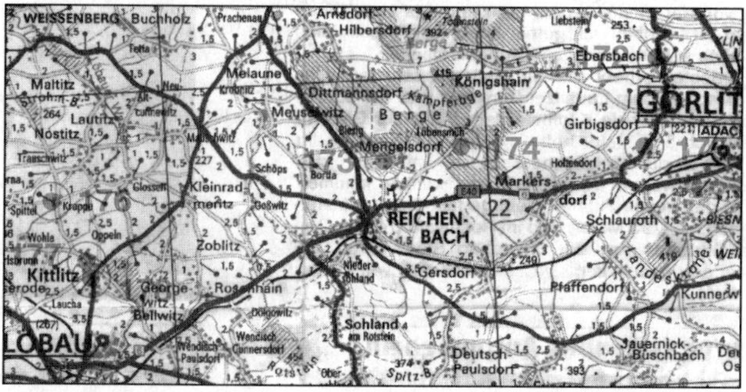

Besonderheiten: Über einem kurzen, geschwungenen Stamm streben zahlreiche Starkäste bouquetförmig nach oben und bilden eine volle Krone.
Standort: 500 m nördlich des Ortes, am Weg zum Hochstein, links.

174 Linden-Reihe bei Löbensmüh

Baumart: Linde
Alter: 250-350 Jahre
Höhe: 25 m
Umfang: 560 cm
Krone: 15 m
Besonderheiten: Fünf Winterlinden, tief beastet und voll bekront bilden eine eindrucksvolle Reihe in ausgeräumter Feldflur.
Standort: Weg zum Hutberg, 50 m rechts.

175 Kästner-Eiche in Girbigsdorf

Baumart: Eiche
Alter: 500 Jahre
Höhe: 35 m
Umfang: 695 cm
Krone: 29 m
Besonderheiten: Mächtiger Erdstamm, der sich in 3 m Höhe vieltriebig auflöst und dem Baum eine gute Vitalität beschert.
Standort: Am ehemaligen Kästner-Hof.

176 Weide bei Krappe

Baumart: Weide
Alter: 80-100 Jahre
Höhe: 15 m
Umfang: 600 cm
Krone: 14 m
Besonderheiten: Mächtiges Exemplar.
Standort: Östlich von Krappe in einer Senke, die von einem Wassergraben durchflossen wird, auf einer Weide, etwa 180 m vom Feldweg entfernt.

177 Friedhofslinde in Kittlitz

Baumart: Linde
Alter: 300 Jahre
Höhe: 28 m
Umfang: 490 cm
Krone: 18 m
Besonderheiten: Gut bekronte Sommerlinde mit starkem Stamm und Brettbildung der Rinde. Gute Verbindung zur spätbarocken Kirche von 1775.
Standort: Neben der Kirche.

178 Zwei Linden in Kittlitz

Baumart: Linde
Alter: 400 Jahre
Höhe: 24 m
Umfang: 550,515 cm
Krone: 22 m
Besonderheiten: Zwei Sommerlinden, von denen sich die eine seitlich neigt, die andere zwieselt.
Standort: Weißenberger Straße, am ehemaligen Rittergut.

179 "Tausendjährige Eiche" bei Herwigsdorf

Baumart: Eiche
Alter: 500-600 Jahre
Höhe: 28 m
Umfang: 860 cm
Krone: 25 m
Besonderheiten: Der starke Stamm der Stieleiche teilt sich bereits in 2 m Höhe. Die Achsen teilen sich weiter, so daß eine astreiche Krone entsteht. 1992 saniert. Der Ort ist 675 Jahre alt.
Standort: 1 km südlich des Ortes.

180 Erle bei Kemmnitz

Baumart: Erle
Alter: 110-130 Jahre
Höhe: 13 m
Umfang: pro Stamm 100 cm
Krone: 14 m
Besonderheiten: Achtstämmige Schwarzerle. Rindenschäden durch Beweidung.

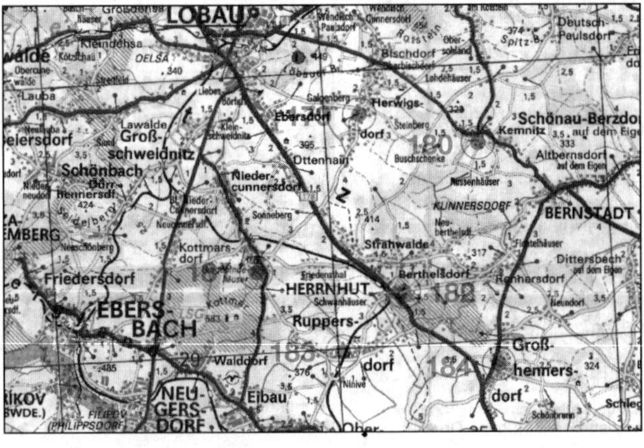

Standort: 100 m westlich des Ortes auf Weideland, vom Feldweg 30 m entfernt.

181 Linde bei Obercunnersdorf

Baumart: Linde
Alter: 180-200 Jahre
Höhe: 21 m
Umfang: je Stamm 150 cm
Krone: 16 m
Besonderheiten: Elfstämmige Winterlinde, sehr schöner, mächtiger Baum, voll bekront.
Standort: 1 km südlich des Ortes auf einer landwirtschaftlich genutzten Fläche, etwa 80 m vom Feldweg entfernt.

182 Eschengruppe in Berthelsdorf

Baumart: Esche
Alter: 180-200 Jahre
Höhe: 32 m
Umfang: 475 cm
Krone: 23 m
Besonderheiten: Zwei Eschen von besonders gutem Wuchs und Stammstärke.
Standort: Herrnhuter Straße, am Schloß von 1750.

183 Linde in Ruppersdorf

Baumart: Linde
Alter: 250-300 Jahre
Höhe: 22 m
Umfang: 430 cm
Krone: 14 m
Besonderheiten: Vollbekronte, solitäre Winterlinde.
Standort: Etwa 20 m neben der am Schloßpark vorbeiführenden Dorfstraße, auf Weideland.

184 Wildbirnbaum bei Großhennersdorf

Baumart: Wildbirnbaum
Alter: 70-90 Jahre
Höhe: 9 m
Umfang: 180/160 cm
Krone: 11 m
Besonderheiten: Zweistämmig, Wildform von besonderer Größe.
Standort: Am Feldweg 800 m westlich des Ortes, am Osthang des Eisberges.

185 Linde in Niederodewitz

Baumart: Linde
Alter: 200 Jahre
Höhe: 20 m
Umfang: 390 cm
Krone: 16 m
Besonderheiten: Sommerlinde mit Kugelkopf infolge Rückschnitts.
Standort: Vor dem alten Forsthaus.

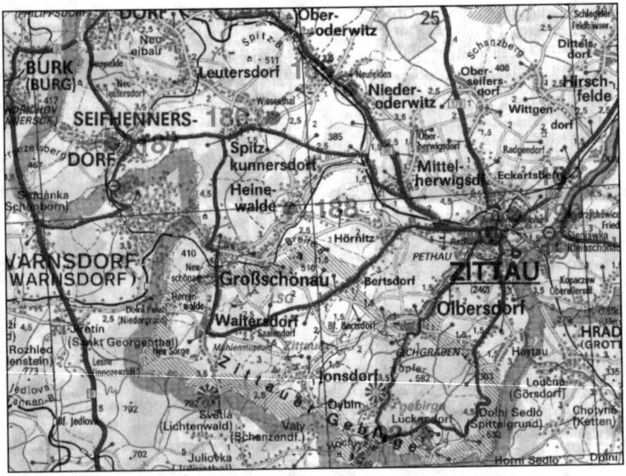

186 Eichengruppe in Spitzkunnersdorf

Baumart: Eiche
Alter: 300 Jahre
Höhe: 26 m
Umfang: 580 cm
Krone: 20 m
Besonderheiten: Drei Stieleichen mit breit ausladenden Kronen entlang der Straße. Auffallende Wurzelfüße.
Standort: Niederodewitzer Straße 4.

187 Pappel in Seifhennersdorf

Baumart: Pappel
Alter: 100-150 Jahre
Höhe: 26 m
Umfang: 340 cm
Krone: 16 m
Besonderheiten: Gutwüchsige, vollbekronte Weißpappel.
Standort: Nordstraße 11, im Hof.

188 Wildbirnbaum in Hainewalde

Baumart: Wildbirnbaum
Alter: 150 Jahre
Höhe: 17 m
Umfang: 330 cm
Krone: 12 m
Besonderheiten: Ungewöhnlich starker Wildobstbaum.
Standort: Vor der Kirche, Bergstraße.

189 Eiche in Zittau

Baumart: Eiche
Alter: 300 Jahre
Höhe: 31 m
Umfang: 510 cm
Krone: 22 m
Besonderheiten: Sehr wüchsige Stieleiche mit auffallend gedrehtem Stamm. In 5 m Höhe geht der Haupttrieb in mehrere starke

Äste über. 1992 saniert.
Standort: Am Pethauer Teich.

190 Platane in Zittau

Baumart: Platane
Alter: 250 Jahre
Höhe: 32 m
Umfang: 550 cm
Krone: 36 m
Besonderheiten: Starker Baum mit voller, reich verzweigter Krone. Erdstamm auffallend beulig, teilweise hohl.
Standort: Karl-Liebknecht-Ring, Krokuswiese.

191 Schlitzblättrige Buche in Zittau

Baumart: Buche
Alter: 150-200 Jahre
Höhe: 24 m
Umfang: 240 cm
Krone: 18 m
Besonderheiten: Die vollbeastete Buche mit breiter, bis zur Erde abgesenkter Krone fällt durch ihre besonders schlitzblättrige Blattform auf.
Standort: Weinau-Allee, Krankenhausgelände.

192 Eibe in Lückendorf

Baumart: Eibe
Alter: 300-400 Jahre
Höhe: 11 m
Umfang: 340 cm
Krone: 11 m
Besonderheiten: Starker Stamm mit voller Krone.
Standort: Gablerstraße 8.

193 Buche bei Königsfeld

Baumart: Buche
Alter: 250 Jahre
Höhe: 35 m
Umfang: 590 cm
Krone: 25 m
Besonderheiten: Stamm drehwüchsig, tief gerieft, z. T. hohl, am Hang starke Wurzelanläufe ausgebildet.
Standort: 350 m nordwestlich des Ortes, im Stiftholz.

194 Streitlinde bei Königsfeld

Baumart: Linde
Alter: über 500 Jahre
Höhe: 15 m
Umfang: 780 cm
Krone: 12 m
Besonderheiten: Sommerlinde mit einem mächtigen, beuligen, gedrungenen, alten Stammtorso, der nur noch aus einem offenen Stammantel besteht, über dem sich eine neue Krone aus jungen Trieben gebildet hat. Streitlinde, weil sich zwei Bauern um ihren Besitz stritten.
Standort: 1,3 km südöstlich des Ortes, in einem kleinen Feldgehölz.

195 Weymouthkiefer in Wechselburg

Baumart: Weymouthkiefer
Alter: 175 Jahre
Höhe: 25 m
Umfang: 540 cm
Krone: 14 m
Besonderheiten: Dreiachsiger Baum, Stamm teilweise hohl, offen, tiefer Kronenansatz, viele Seitentriebe abgesägt. Gepflanzt 1820.
Standort: Im Schloßpark, 400 m westlich des Schlosses (1874, Grafen von Schönburg).

196 Tulpenbaum in Wechselburg

Baumart: Tulpenbaum
Alter: 175 Jahre
Höhe: 34 m
Umfang: 460 cm
Krone: 18 m
Besonderheiten: Sehr wüchsiger Exote mit drei Achsen und tief angesetzter, hoher und relativ schmaler, voller Krone, vital, wenige Trockenäste. 1820 gepflanzt. Weitere interessante Bäume im Park.
Standort: Im Schloßpark, etwa 150 m westlich des Schönburg´schen Schlosses von 1874.

197 Eiche in Arnsdorf

Baumart: Eiche
Alter: 300-400 Jahre
Höhe: 26 m
Umfang: 600 cm
Krone: 19 m

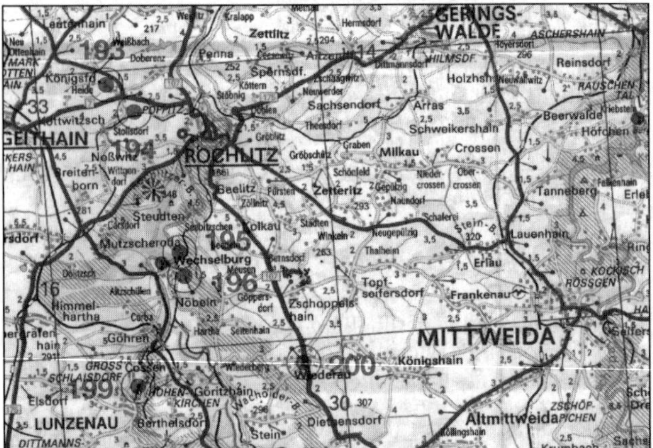

Besonderheiten: Stieleiche, die sich kurz über dem Boden in drei Achsen aufteilt. In der Nähe steht eine prächtige Feldulme.
Standort: Im Schloßpark (ehem. Baron v. Beschwitz).

198 Eiche von Rossau

Baumart: Eiche
Alter: 300-400 Jahre
Höhe: 28 m
Umfang: 500 cm
Krone: 16 m
Besonderheiten: Stieleiche mit durchgehendem Stamm und Ansatz einer dünnastigen Krone in 14 m Höhe.
Standort: Gegenüber der Ausfahrt Hainichen von der BAB A4, von Chemnitz kommend, an der B 169 in Richtung Hainichen.

199 Eiche bei Cossen

Baumart: Eiche
Alter: 300-400 Jahre
Höhe: 30 m
Umfang: 590 cm
Krone: 24 m
Besonderheiten: Schöne, gut bekronte, gesunde Stieleiche mit walzenförmigem Stamm. Kronenansatz in 6 m Höhe.
Standort: 700 m südlich des Ortes, rechts an der Straße nach Hohenkirchen.

200 Linde in Wiederau

Baumart: Linde
Alter: 250-300 Jahre
Höhe: 23 m
Umfang: 455 cm
Krone: 16 m

Besonderheiten: Winterlinde mit tief angesetzter, mehrtriebiger Krone und hohlem Stamm.
Standort: An der Kaufhalle Nr.12.

201 Eßkastanie in Gersdorf

Baumart: Edelkastanie
Alter: 250-300 Jahre
Höhe: 15 m
Umfang: 835 cm
Krone: 12 m
Besonderheiten: Ein wilder Baum, Stamm gedreht, geteilt, hohl, voller Figuren und Gebilde. Äste nach außen geschwungen.
Standort: Nr. 12, ehemalige Schloßgärtnerei.(ehem.Rittergut d.Prinzen zur Lippe). Das Schloß stammt aus der ersten Hälfte des 17.Jhdts.

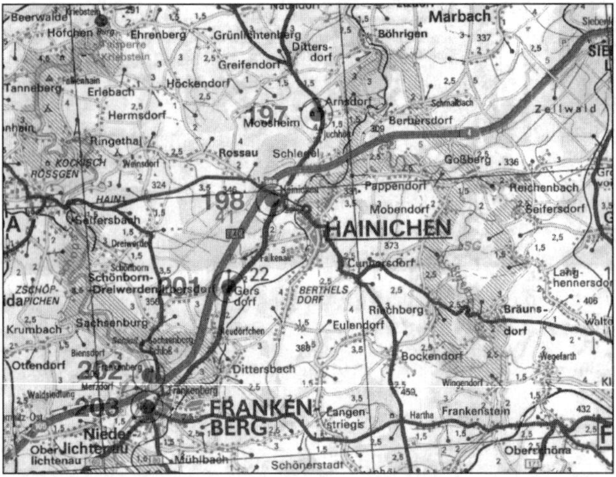

202 Eiche am Teich bei Frankenberg

Baumart: Eiche
Alter: 400-500 Jahre
Höhe: 26 m
Umfang: 635 cm
Krone: 21 m
Besonderheiten: Auffallend starke Stieleiche mit teilweise hohlem, ausgemauertem Stamm und starken Wurzelanläufen.
Standort: Direkt an der Nordseite der Autobahn A 4, unweit der Autobahnausfahrt Frankenberg, am Schilfteich.

203 Eiche bei Frankenberg

Baumart: Eiche
Alter: 400-500 Jahre
Höhe: 32 m
Umfang: 620 cm
Krone: 25 m
Besonderheiten: Stieleiche mit mächtiger, dichter Krone, die bis auf den Boden herabreicht, Stamm mit Wucherungen.
Standort: Auf einer Wiese am nordwestlichen Ortsrand in der Nähe der Autobahnausfahrt.

204 Lindengruppe bei Göppersdorf

Baumart: Linde
Alter: 250 Jahre
Höhe: 20 m
Umfang: 435 cm
Krone: 18 m
Besonderheiten: Zwei Winterlinden, die miteinander aufgewachsen und am Stammfuß zusammengewachsen sind.
Standort: 150 m westlich des Ortes Burgstädt-Göppersdorf.

Kreis Freiberg

205 Kirchlinde in Langhennersdorf

Baumart: Linde
Alter: 200-300 Jahre
Höhe: 28 m
Umfang: 395 cm
Krone: 20 m
Besonderheiten: Volle, starke Krone. Eine schwächere Linde steht daneben.
Standort: An der Hauptstraße, am Rande des Kirchengrundstücks.

206 Linde in Bräunsdorf

Baumart: Linde
Alter: 200-300 Jahre
Höhe: 21 m
Umfang: 390 cm
Krone: 18 m
Besonderheiten: Sommerlinde mit starken Wurzelanläufen und einer in

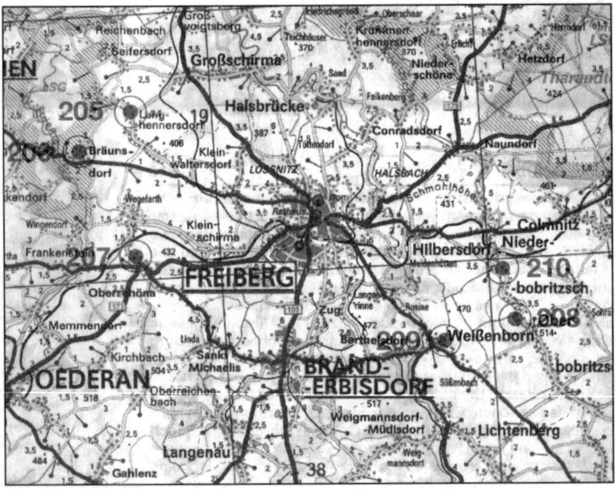

4 m Höhe beginnenden vollen Krone.
Standort: Hauptstraße Freiberg – Hainichen, am Jugendheim.

207 Buche in Oberschöna

Baumart: Buche
Alter: 250 Jahre
Höhe: 25 m
Umfang: 510 cm
Krone: 25 m
Besonderheiten: Wuchtiger Baum mit starkastiger, voller, ausladender Krone.
Standort: Vor der Kirche.

208 Kirchlinde in Niederbobritzsch

Baumart: Linde
Alter: 200 Jahre
Höhe: 24 m
Umfang: 340 cm
Krone: 20 m
Besonderheiten: Sommerlinde mit steilastiger, voller Krone über 3 m hohem Erdstamm.
Standort: Vor der Kirche.

209 Linde in Oberbobritzsch

Baumart: Linde
Alter: 300 Jahre
Höhe: 23 m
Umfang: 505 cm
Krone: 20 m
Besonderheiten: Sommerlinde mit kurzem Stamm und steilastiger, voller Krone. Zwei jüngere Linden stehen daneben. Vor der Schule steht eine etwa 150-jährige Linde mit auffälligen Schlangenästen.
Standort: An der Straße am Ortseingang aus Richtung Weißenborn, vor dem ersten Haus links.

210 Eiche in Weißenborn

Baumart: Eiche
Alter: 200-250 Jahre
Höhe: 31 m
Umfang: 405 cm
Krone: 20 m
Besonderheiten: Hochgewachsene Stieleiche mit trichterförmiger, voller Krone. In der Nähe steht in einem Straßendreieck eine schöne Blutbuche (U = 365 cm).
Standort: Kurz hinter dem Ortseingang, aus Richtung Frauenstein kommend, etwa 60 m hinter der Rechtskurve (Blutbuche), vor der Schule, rechts.

211 Alte Allee-Eiche in Lichtenwalde

Baumart: Eiche
Alter: 300-350 Jahre
Höhe: 20 m
Umfang: 485 cm
Krone: 22 m
Besonderheiten: Über dem starken Erdstamm wölbt sich, in 4 m Höhe angesetzt, eine vielastige Schirmkrone. Am Weg der früheren, zum Schloß führenden Allee stehen weitere Eichen. Stieleiche.
Standort: August-Bebel-Straße, gegenüber dem Haus Nr.27.

212 Linde am Schloß Lichtenwalde

Baumart: Linde
Alter: 250-300 Jahre
Höhe: 30 m
Umfang: 415 cm
Krone: 16 m
Besonderheiten: Vitaler, steil nach oben strebender Tiefzwiesel. Weitere Linden in der Nähe.
Standort: Etwa 250 m südwestlich

des Schlosses, vor dem Aussichtspunkt (Kiosk).

213 Feldulme in Niederwiesa

Baumart: Ulme
Alter: 200-250 Jahre
Höhe: 21 m
Umfang: 320 cm
Krone: 15 m
Besonderheiten: Selten gewordene Baumart, vitaler Baum mit voller Krone.
Standort: An der Durchgangsstraße, von Flöha kommend rechts, auf dem Grundstück Schäfers Erben.

214 Eiche an der Zschopau bei Niederwiesa

Baumart: Eiche
Alter: 300 Jahre
Höhe: 25 m
Umfang: 445 cm
Krone: 20 m

Besonderheiten: Vitale Stieleiche mit vielastiger, voller Krone.
Standort: 50 m vor der Zschopaubrücke zwischen Niederwiesa und Flöha (B 173), am linken Flußufer.

215 Hoflinde in Erdmannsdorf

Baumart: Linde
Alter: 240 Jahre
Höhe: 26 m
Umfang: 370 cm
Krone: 20 m
Besonderheiten: Gesunder Baum, dessen Krone in etwa 4 m Höhe beginnt und mit fünf steilen Hauptachsen nach oben strebt. Der Hof wurde um 1750 erbaut. Eine jüngere Linde steht etwa 40 m entfernt.
Standort: Oberdorf über der Baumwollspinnerei, auf dem Grundstück Hohlweg 4.

216 Kirchlinde in Erdmannsdorf

Baumart: Linde
Alter: um 300 Jahre
Höhe: 24 m
Umfang: 485 cm
Krone: 16 m
Besonderheiten: Die Krone beginnt ab 4 m Höhe. Sie wurde vor Jahren stark gestutzt. Viele junge Austriebe streben steil nach oben.
Standort: Hinter der Kirche, auf dem Friedhof.

217 Große Schloßlinde von Augustusburg

Baumart: Linde
Alter: 570 Jahre
Höhe: 14 m
Umfang: 85 cm
Krone: 17 m
Besonderheiten: Mittelalterliche

Tanzlinde. Der kurze Schaft ist in vier Teile gespalten, die horizontalen Starkäste sind überwiegend abgebrochen, vertikale Sekundärkrone. Sommerlinde.
Standort: Schloß Augustusburg, auf der nördlichen Grünfläche zwischen Linden- und Torhaus.

218 Kirchlinde in Leubsdorf

Baumart: Linde
Alter: 155 Jahre
Höhe: 21 m
Umfang: 340 cm
Krone: 20 m
Besonderheiten: Vitaler Zwiesel (ab 6 m Höhe.) Im Jahre 1840 gepflanzt. Leubsdorf war damals 300 Jahre lutherisch.
Standort: Vor der Kirche, auf dem Friedhof.

219 Straßenlinde in Kleinhartmannsdorf

Baumart: Linde
Alter: 250 Jahre
Höhe: 25 m
Umfang: 400 cm
Krone: 16 m
Besonderheiten: Vollbekronte, vitale Winterlinde.
Standort: An der Straße von Langen nach Eppendorf, rechts, am Ortsende, etwa 100 m vor der Kreuzung.

220 Eiche in Dorfchemnitz

Baumart: Eiche
Alter: 250-300 Jahre
Höhe: 30 m
Umfang: 400 cm
Krone: 18 m
Besonderheiten: Hochragende, vitale Stieleiche, deren Stamm sich in

5 m Höhe in eine steilastige Krone auflöst.
Standort: Hauptstraße, am Abzweig Kirchberg.

221 Linde in Dorfchemnitz

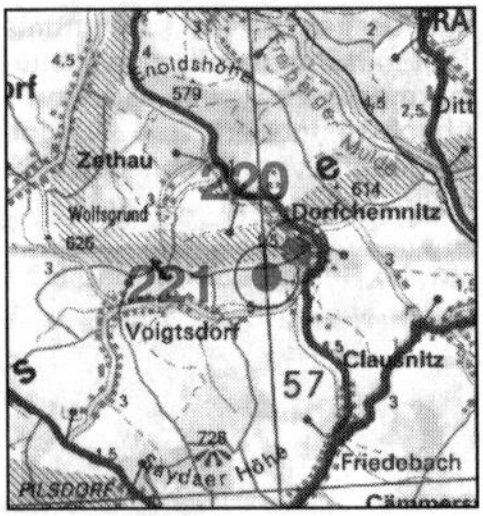

Baumart: Linde
Alter: 300 Jahre
Höhe: 31 m
Umfang: 455 cm
Krone: 16 m
Besonderheiten: Volle, hohe, steilastige, relativ schmale Krone, gutwüchsig.
Standort: Am Kirchberg 3.

Weißeritz-Kreis

222 Eiche in Braunsdorf

Baumart: Eiche
Alter: 300 Jahre
Höhe: 28 m
Umfang: 460 cm
Krone: 25 m
Besonderheiten: Stieleiche mit hochragender, weit ausladender, voller Krone.
Standort: Am Webersberg.

223 Drillingsahorn bei Tharandt

Baumart: Ahorn
Alter: 250 Jahre
Höhe: 35 m
Umfang: 570 cm
Krone: 18 m
Besonderheiten: Der Stamm teilt sich bereits in 1 m Höhe in drei Hauptachsen, von denen zwei in etwa 5 m Höhe miteinander verwachsen sind.
Standort: Im Naturschutzgebiet „Talhänge der wilden Weiseritz“, 50 m westlich des Denkmals im Eibenwald.

223a Bäume im Forstbotanischen Garten Tharandt

Baumart: Eßkastanie
Alter: 175 Jahre
Höhe: 18 m
Umfang: 450 cm
Krone: 24 m
Besonderheiten: siehe Baumgeschichte Seite 39
Standort: Botanischer Garten

224 Burgstädteler Linde

Baumart: Linde
Alter: 300-400 Jahre
Höhe: 16 m
Umfang: 500 cm
Krone: 18 m

Besonderheiten: 1951 mit Rundringen gestützt, 1985 ausgebrannt und danach ausbetoniert. Einseitig wieder gut regeneriert.
Standort: 500 m westlich des Ortes auf einem Hügel mit herrlichem Landschaftsblick.

225 Vier Eichen in Kreischa

Baumart: Eiche
Alter: 300-400 Jahre
Höhe: 24,23,26,24 m
Umfang: 405,450, 505,430 cm
Krone: 20,18,20,20 m
Besonderheiten: Stieleichen. Knorrige Stämme mit vielen Knollen, Kronen etwas reduziert.

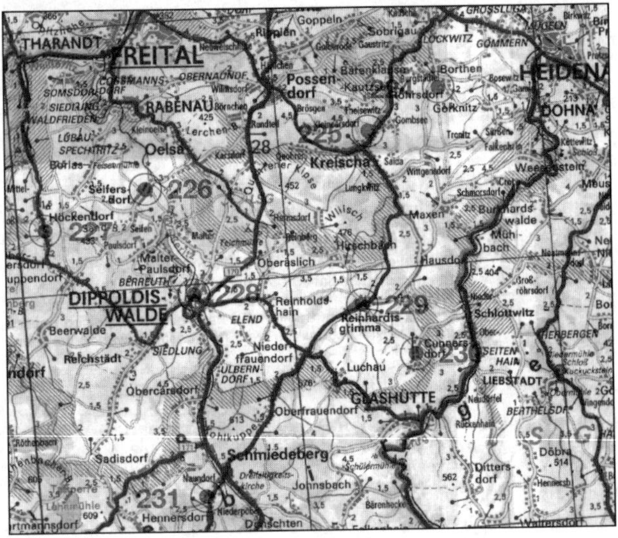

Standort: Nordostteil des Ortes, an der Straße nach Lockwitz, in Höhe des Turnerweges.

226 Eiche in Seifersdorf

Baumart: Eiche
Alter: 400 Jahre
Höhe: 32 m
Umfang: 465 cm
Krone: 23 m
Besonderheiten: Traubeneiche mit voller Krone ab 5 m Höhe.
Standort: Bergstraße, südöstlich des Gemeindeamtes.

227 Buche bei Höckendorf

Baumart: Buche
Alter: 200 Jahre
Höhe: 26 m
Umfang: 495 cm
Krone: 21 m
Besonderheiten: Der Stamm ist teilweise morsch. Ansatz der großen, vollen Krone in etwa 4 m Höhe. Hochromanische Kirche von 1200/1250.
Standort: 500 m östlich der Kirche, am Waldrand.

228 Körnereiche in Dippoldiswalde

Baumart: Eiche
Alter: 400 Jahre
Höhe: 25 m
Umfang: 505 cm
Krone: 23 m
Besonderheiten: Alte, knorrige Stieleiche, voll bekront. Die unteren Äste wurden bis in 7 m Höhe abgesägt. Um den Stamm wurde eine neue Rundbank errichtet.
Standort: Am oberen Rand des Stadtparks, an der Technikerallee.

229 Linde in Reinhardtsgrimma

Baumart: Linde
Alter: 300 Jahre
Höhe: 26 m
Umfang: 440 cm
Krone: 17 m
Besonderheiten: Tief beastete Sommerlinde, ab 4 m Höhe gezwieselt. Schloß von 1765-67, erbaut auf dem Gelände eines Wasserschlosses aus dem 14.Jhdt.
Standort: Kirchberg 8.

230 Ulme in Cunnersdorf

Baumart: Ulme
Alter: 250-350 Jahre
Höhe: 26 m
Umfang: 525 cm
Krone: 16 m
Besonderheiten: Bergulme mit starken Wurzelanläufen und längsovalem Stamm mit Wülsten. 1992 saniert.
Standort: Hofeberg 1 a.

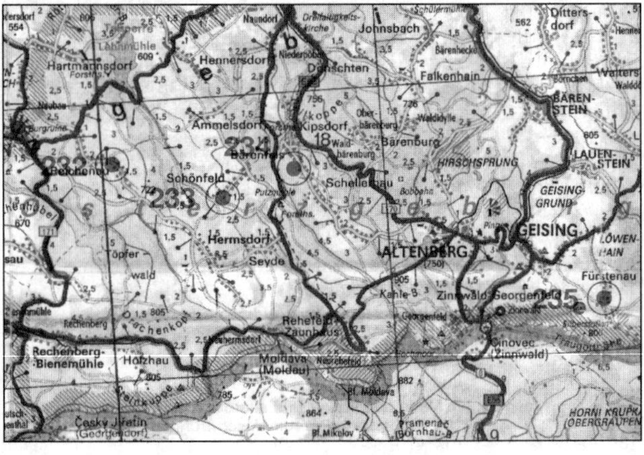

231 Eiche in Naundorf

Baumart: Eiche
Alter: 350-400 Jahre
Höhe: 28 m
Umfang: 420 cm
Krone: 27 m
Besonderheiten: Wüchsige Traubeneiche mit hoher, weit ausladender und tief herabreichender, voller Krone. Stamm leicht gedreht, Blitzschaden.
Standort: Siedlung, vor dem Haus Nr.19.

232 Linde in Reichenau

Baumart: Linde
Alter: 300 Jahre
Höhe: 27 m
Umfang: 445 cm
Krone: 20 m
Besonderheiten: Schön geformte Sommerlinde mit voller Krone.
Standort: Am westlichen Ortsrand, etwa 300 m südlich der Straße nach Frauenstein, weithin sichtbar.

233 Linde in Schönfeld

Baumart: Linde
Alter: 490 Jahre
Höhe: 30 m
Umfang: 510 cm
Krone: 21 m
Besonderheiten: Sommerlinde mit starkem, auffallend gefurchtem Stamm und einer hohen, steil gestellten Krone, die in 8 m Höhe ansetzt. Sie soll um 1500 gepflanzt worden sein, erscheint aber wesentlich jünger. Kirche aus dem 17.Jhdt.
Standort: Hauptstraße 55, Hotel am Hang.

234 Ulme bei Bärenfels

Baumart: Ulme
Alter: 200-250 Jahre
Höhe: 28 m
Umfang: 300 cm
Krone: 16 m
Besonderheiten: Gesundes, gut belaubtes Exemplar einer krankheitsgefährdeten Baumart.
Standort: Auffahrt nach Bärenfels von der Talstraße Rehefeld – Schmiedeberg, in der Kurve am Hang, etwa 300 m vor dem Eingang des Kurortes.

235 Buche bei Fürstenau

Baumart: Buche
Alter: 300-350 Jahre
Höhe: 15 m
Umfang: 640 cm
Krone: 15 m
Besonderheiten: Feldhüter auf der Höhe. Knorriger Stamm mit Elefantenfüßen und Knollen. Auf dem wuchtigen Klotz wachsen in 3-4 m Höhe zwei Bäume empor. Höhe über NN = 715 m.
Standort: 600 m nordwestlich der Kirche, im Feld.

236 Eiche bei Helmsdorf

Baumart: Eiche
Alter: 400-500 Jahre
Höhe: 24 m
Umfang: 670 cm
Krone: 21 m
Besonderheiten: Stieleiche, breite und ausladende Krone, pilzförmig, freistehend im Feld, hohler Stamm mit Brettbildung, Blitzschäden.
Standort: 500 m nördlich des Ortes, rechts an der Straße Helmsdorf – Rennersdorf.

237 Ulme in Polenz

Baumart: Ulme
Alter: 200-250 Jahre
Höhe: 34 m
Umfang: 560 cm
Krone: 18 m
Besonderheiten: Bergulme von erstaunlich hohem Wuchs, dreigefächerter Stamm, am Erdstück tief gerieft.
Standort: Am Hofteich im Ostteil des Ortes.

238 Eiche in Graupa

Baumart: Eiche
Alter: 350 Jahre
Höhe: 27 m
Umfang: 675 cm
Krone: 25 m
Besonderheiten: Gewaltige Parkeiche mit weit ausladender Krone, deren Äste teilweise bis zum Boden herabreichen.
Standort: Im Schloßpark Graupa, etwa 50 m südöstlich des alten Jagdschlosses (jetzt Gemeindeamt).

239 Linde bei Lohmen

Baumart: Linde
Alter: 500-600 Jahre
Höhe: 28 m
Umfang: 690 cm
Krone: 16 m
Besonderheiten: Gewaltige, freistehende Sommerlinde, dreitriebig, Stamm teilweise morsch, 1993 saniert, Kronenspitzen absterbend.
Standort: 250 m südlich des Ortes an der Straße nach Doberzeit.

240 Schmorsdorfer Linde

Baumart: Linde
Alter: 800 Jahre
Höhe: 24 m
Umfang: 1070 cm
Krone: 18 m

Besonderheiten: Der mächtige, hohle Stamm teilt sich in etwa 4 m Höhe in mehrere Einzelstämme auf. Im Hohlraum des Stammes Innenwurzeln und Innenrinde, bizarre Formen. Starke, voll belaubte Krone. Bereits im 30-jährigen Krieg erwähnt. Sommerlinde.
Standort: Im Ort.

241 Schmidts Linde bei Ottendorf

Baumart: Linde
Alter: 300 Jahre
Höhe: 25 m
Umfang: 520 cm
Krone: 20 m

Besonderheiten: Auffallender, voll bekronter Solitär auf einem herrlichen Aussichtspunkt mit Blick in die Sächsische Schweiz, insbesondere Schrammsteine und Festung Königstein. Die Winterlinde teilt sich in 3 m Höhe in zwei, teilweise hohle Stammachsen auf und macht einen gesunden Eindruck. Starke Elefantenfüße.
Standort: Von Ottendorf über den Weg Endlerkuppe auf die Höhe zum Parkplatz, 500 m nach Westen durch den Wald, 300 m weiter auf dem Hügel im Feld.

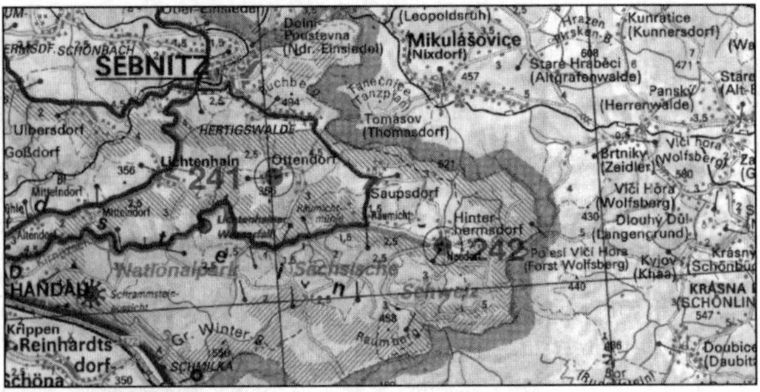

242 Höchste Fichte der Sächsischen Schweiz bei Hinterhermsdorf

Baumart: Fichte
Alter: 360 Jahre
Höhe: 54 m
Umfang: 455 cm
Krone: 12 m
Besonderheiten: Stamm bis 10 m Höhe astfrei, bis 45 m geradschäftig, dann leicht gekrümmt. Borke in starke, längliche Schuppen gegliedert. Verzweigung: Bürstentyp. Weitere Fichte mit 48 m Höhe und 350 cm Umfang sowie Weißtanne mit 48 m Höhe und 300 cm Umfang in der Nähe.
Standort: Revier Hinterhermsdorf, Abt. 142 a, am Fuße der Wolfsschlucht, unmittelbar an der Kirnitzsch.

243 „Tausendjährige Eibe“ bei Schlottwitz

Baumart: Eibe
Alter: 500-600 Jahre
Höhe: 13 m
Umfang: 370 cm
Krone: 12 m
Besonderheiten: Wuchtige Alteibe

mit stark gedrehtem Stamm und auffallend weitläufig verzweigten Wurzelanläufen, die dicht über den Boden streichen. Weitere Eiben verschiedenen Alters in der Nähe am steilen, steinigen Hang.
Standort: Naturschutzgebiet Müglitz-Hänge, im Wald am Ortsrand von Schlottwitz. Ausgeschilderter Wanderweg, ausgehend etwa 100 m nördlich der Bushaltestelle in der Ortsmitte.

244 Prachtbuche bei Berggiesshübel

Baumart: Buche
Alter: 300 Jahre
Höhe: 36 m
Umfang: 580 cm
Krone: 23 m
Besonderheiten: Ein Stamm wie ein Gebirge – stark verwachsen, beulig, mit Bergen und Tälern – einfach gewaltig. In 5 m Höhe bauen sich zehn Hauptachsen auf.
Standort: 1 km südöstlich von Berggiesshübel, 20 m links der Straße nach Bahratal.

245 Eiche am Amtsberg in Waldenburg

Baumart: Eiche
Alter: 300-350 Jahre
Höhe: 25 m
Umfang: 565 cm
Krone: 27 m
Besonderheiten: Beuliger Stamm, weit ausladende Krone.
Standort: Parkanlage „Am Amtsberg“ im Ostteil der Stadt, nahe dem Krankenhaus.

246 Eiche im Nordteil des Grünfelder Parks bei Waldenburg

Baumart: Eiche
Alter: 350-400 Jahre
Höhe: 27 m
Umfang: 575 cm
Krone: 17 m

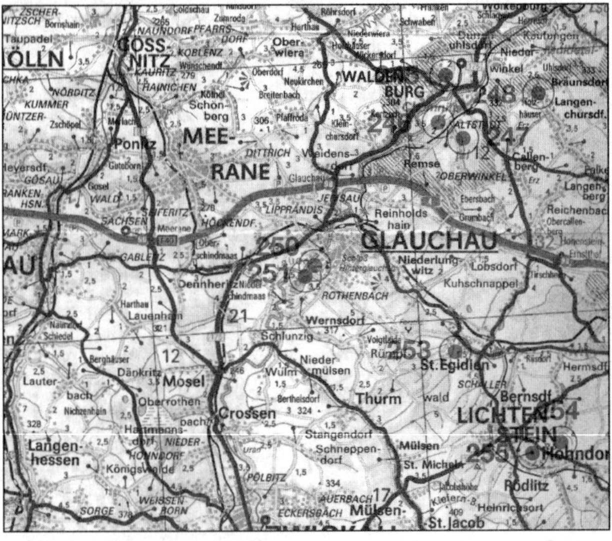

Besonderheiten: Markante Stieleiche, deren Krone teilweise ausgebrochen ist. Weitere alte Eichen in der Nähe. Großzügige, weitläufige Parkanlagen südlich Waldenburg.
Standort: Nördlich der Grünfelder Straße, westlich des Teiches, in einem Reitplatz.

247 Eichen im Südteil des Grünfelder Parks bei Waldenburg

Baumart: Eiche
Alter: 300 Jahre
Höhe: 33 m
Umfang: 470 cm
Krone: 25 m
Besonderheiten: Bemerkenswerte Einzelbäume, die aus der übrigen Parklandschaft herausragen, vital, mit hohen, weit ausladenden Kronen.
Standort: 1. Etwa 150 m nördlich des Badehauses, am Bach. 2. etwa 150 m südlich des Torbogens am Hang östlich des Hauptweges. 3. etwa 100 m westlich des Torbogens am Bahndamm.

248 Galgenlinde bei Bräunsdorf

Baumart: Linde
Alter: 200-250 Jahre
Höhe: 17 m
Umfang: 335 cm
Krone: 14 m
Besonderheiten: Winterlinde mit absterbender Kronenspitze. An dieser Stelle befand sich um 1670 die Richtstätte, an der das Strangulieren der Verurteilten durch den zuständigen Scharfrichter aus Penig erfolgte.
Standort: 800 m nördlich des Ortes, 300 m westlich der Malzstraße, in der Feldflur.

249 „Hanneloren-Eiche“ in Limbach Oberfrohna

Baumart: Eiche
Alter: 380 Jahre
Höhe: 22 m
Umfang: 550 cm
Krone: 18 m
Besonderheiten: Stieleiche, deren oberer Kronenteil abgestorben ist. Beuliger Stamm mit beginnender Brettbildung, Kronenansatz in 3 m Höhe. Der Name bezieht sich wahrscheinlich auf die Edelfrau Johanna Eleonora von Einsiedel, welche von 1732 – 1742 auf dem Rittergut des Antonius III. von Schönberg lebte.
Standort: Friesenweg, in der Nähe des Neuteichs, im Nordostteil der Stadt.

250 Linde in den Glauchauer Parkanlagen

Baumart: Linde
Alter: 300 Jahre
Höhe: 32 m
Umfang: 420 cm
Krone: 20 m
Besonderheiten: Winterlinde mit drei steilen Hauptachsen, von denen eine auf halber Höhe abgebrochen ist, hohe, breite Krone.
Standort: Von der NW-Kante des Schlosses nach Norden bis zum Hangfuß, 400 m nach Westen bis zur Ostseite des Weihers (mit Gasthaus).

251 Eichen am Schloß Glauchau

Baumart: Eiche
Alter: 250 Jahre
Höhe: 32 m
Umfang: 380 cm
Krone: 22 m
Besonderheiten: Stieleiche mit hohlem Stamm und voller Krone. Weite-

re gleichalte Eichen in der Nähe.
Standort: Von der NW-Kante des Schlosses zum Fuße des Schloßberges, dann 300 m nach Westen.

252 Eiche in Mittelbach

Baumart: Eiche
Alter: 350-450 Jahre
Höhe: 28 m
Umfang: 650 cm
Krone: 23 m
Besonderheiten: Vitale Stieleiche mit langem Schaft, gleichmäßig bekront.
Standort: Dorfstraße 114, im westlichen Ortsteil.

253 Linde in St. Egidien

Baumart: Linde
Alter: 200-250 Jahre
Höhe: 24 m
Umfang: 360 cm
Krone: 16 m
Besonderheiten: Sommerlinde, gefällige Baumform, volle Krone.
Standort: Höhenweg 7.

254 „Käppler-Eiche“ bei Lichtenstein

Baumart: Eiche
Alter: 600 Jahre
Höhe: 28 m
Umfang: 760 cm
Krone: 24 m
Besonderheiten: Hohler, offener Stammantel, mehrfach ausgebrannt, Höhlung jetzt durch Eisengitter geschützt, Krone mit fünf Steilachsen ab 8 m Höhe. Weitere alte Eichen und Buchen in der Nähe.
Standort: Am nordöstlichen Ortsrand von der B 173 in die Schloßallee einbiegen. Etwa in deren Mitte, vor

dem Wohnhaus rechts, beginnt ein Erosionsgraben (Käpplerschlucht), der in Richtung Schäller verläuft. Etwa 1 km hangabwärts steht die Eiche am Wiesenrand.

255 Zwei Edelkastanien an der Lichtensteiner Schloßallee

Baumart: Edelkastanie
Alter: 250 Jahre
Höhe: 18 m
Umfang: 465/400 cm
Krone: 21 m
Besonderheiten: Abenteuerliche Baumgestalten mit faulen Stämmen und reduzierten Kronen.
Standort: In der Mitte der Schloßallee zwischen B 173 und Schloß.

256 Gerichtseiche bei Blankenhain

Baumart: Eiche
Alter: 400 Jahre
Höhe: 21 m
Umfang: 515 cm
Krone: 15 m
Besonderheiten: Markante Erscheinung in der Feldflur.
Standort: Etwa 1 km nördlich von Blankenhain, etwa 30 m rechts der Nischwitzer Landstraße im Feld.

257 Linde in Langenbersdorf

Baumart: Linde
Alter: 250-300 Jahre
Höhe: 22 m
Umfang: 430 cm
Krone: 18 m
Besonderheiten: Knorrige Erscheinung, durchgehender Schaft, tiefbeastet.
Standort: Dorfstraße 51.

258 Linde in Beiersdorf

Baumart: Linde
Alter: 250 Jahre
Höhe: 24 m
Umfang: 400 cm
Krone: 14 m
Besonderheiten: Knolliger Stamm, ab 10 m Höhe zweistämmig. Weitere Linden in der Nähe.
Standort: Am Hang am Renauld-Haus.

259 Hain der Hochzeitseichen bei Hartenstein

Baumart: Eiche
Alter: 300-400 Jahre
Höhe: 23 m
Umfang: 610 cm
Krone: 20 m
Besonderheiten: Mächtiger Tiefzwiesel mit knolligem Stamm und

starken Wurzelausläufen, eine von 20 Stieleichen, die von den ehemaligen Schloßbesitzern jeweils anläßlich einer Hochzeit gepflanzt wurden. Standort: 100 m östlich des Freibades.

260 Rotmühlen-Linde bei Hartenstein

Baumart: Linde
Alter: 500 Jahre
Höhe: 44 m
Umfang: 720 cm
Krone: 27 m
Besonderheiten: Sommerlinde von uriger Gestalt. Der starke, hohle, verwachsene Erdstamm teilt sich in 3 m

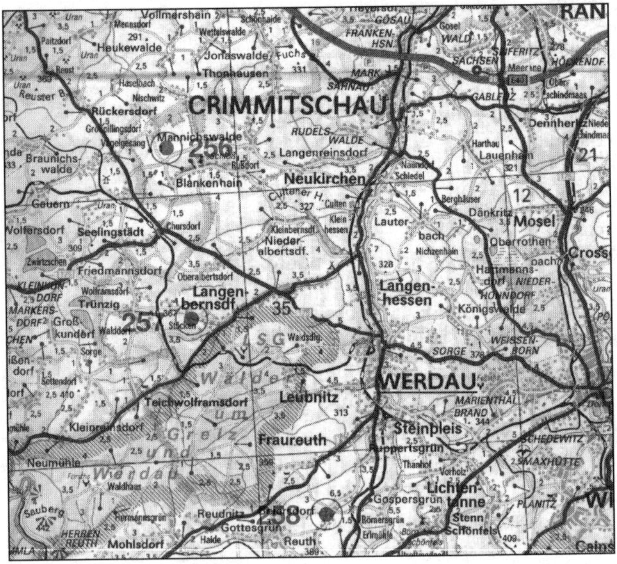

Höhe in mehrere schrägwachsende Achsen auf.
Standort: 2 km südöstlich von Hartenstein (Schloß Stein), 200 m südlich der ehemaligen Rotmühle.

261 Buche in Hirschfeld

Baumart: Buche
Alter: 300 Jahre
Höhe: 34 m
Umfang: 730 cm
Krone: 23 m
Besonderheiten: Verwunschene Buche mit Elefantenfüßen, wild verwachsenem Stamm und vielastiger Krone. Der Baumbestand wird um

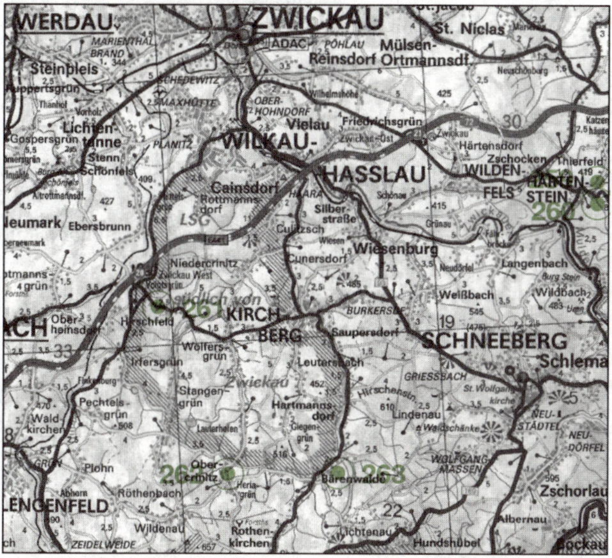

1400 urkundlich erwähnt. Baron von Arnim.
Standort: Tierpark, 150 m hinter dem Eingang, links, in der Nähe des Teiches.

262 Schwedenfichte bei Obercrinitz

Baumart: Fichte
Alter: 120-150 Jahre
Höhe: 25 m
Umfang: 295 cm
Krone: 15 m
Besonderheiten: Bis zum Boden herabreichende Starkäste, sehr vital. An dieser Stelle soll im Dreißigjährigen Krieg ein Schwedenlager gestanden haben.
Standort: Im Wald, 2 km südwestlich von Obercrinitz, Alte Wildenauer Straße, 80 m rechts.

263 Buche in Bärenwalde

Baumart: Buche
Alter: 200 Jahre
Höhe: 25 m
Umfang: 470 cm
Krone: 22 m
Besonderheiten: Zwieselbuche mit hoch angesetzter, voller Krone, vital.
Standort: Auerbacher Straße 43.

264 Eiche in Klaffenbach

Baumart: Eiche
Alter: 500 Jahre
Höhe: 24 m
Umfang: 510 cm
Krone: 11 m
Besonderheiten: Absterbende Stieleiche mit nur noch einem belaubten Seitentrieb. Starker Blitzschaden. Die Eiche soll aus dem 15. Jhdt. stammen.
Standort: 50 m nordwestlich des Wasserschlosses.

265 Ulme in Stollberg

Baumart: Ulme
Alter: 150-200 Jahre
Höhe: 25 m
Umfang: 370 cm
Krone: 19 m
Besonderheiten: Bergulme mit ungewöhnlich hoher, breiter und voller Krone, die fast bis zur Erde reicht, gesund.
Standort: Zwickauer Straße 40.

266 Buche in Thalheim

Baumart: Buche
Alter: 180-200 Jahre
Höhe: 34 m
Umfang: 390 cm
Krone: 25 m
Besonderheiten: Besonders harmonische Baumgestalt.
Standort: 500 m östlich von Thalheim, Gornsdorfer Straße 16.

267 Linde in Mitteldorf

Baumart: Linde
Alter: 300-400 Jahre
Höhe: 22 m
Umfang: über 600 cm
Krone: 16 m

Besonderheiten: Schrägwachsende Winterlinde mit zerzauster Krone. Standort: Am Anger 3.

268 Lindengruppe bei Gablenz

Baumart: Linde
Alter: 300-350 Jahre
Höhe: 26 m
Umfang: 490 cm
Krone: 19 m

Besonderheiten: Die stärkere Winterlinde zwieselt vom Boden aus und steht auf kräftigen Füßen, die andere ist wesentlich schwächer.
Standort: 1 km östlich des Ortes, auf einer Wiese.

269 Linde in Dorfchemnitz

Baumart: Linde
Alter: 250-300 Jahre
Höhe: 32 m
Umfang: 445 cm
Krone: 21 m
Besonderheiten: Winterlinde, Tiefzwiesel. In einem der Zwiesel wächst ein 2 m hoher Vogelbeerbaum.
Standort: Thumer Straße 6.

270 Königslinde in Niederzwönitz

Baumart: Linde
Alter: 175 Jahre
Höhe: 27 m
Umfang: 350 cm
Krone: 17 m
Besonderheiten: Sommerlinde vor der 800-jährigen Kapelle, gepflanzt am 21.9.1818 anläßlich des 50-jährigen Regierungsjubiläums von König Friedrich-August.
Standort: St.Blasius-Friedhof.

271 Luther-Linde in Niederzwönitz

Baumart: Linde
Alter: 410 Jahre
Höhe: 30 m
Umfang: 725 cm
Krone: 19 m
Besonderheiten: Mächtige Sommerlinde, gepflanzt am 10.11.1583 zum 100. Geburtstag Martin Luthers.
Standort: Vor dem Jägerhaus.

272 Hennig-Linde in Zwönitz-Kühnheide

Baumart: Linde
Alter: 300 Jahre
Höhe: 30 m
Umfang: 460 cm
Krone: 20 m
Besonderheiten: Sommerlinde, Zwiesel mit hoher, tief angesetzter Krone.
Standort: Vor dem Erbgut Hennig.

273 Linde in Witzschdorf

Baumart: Linde
Alter: 250-350 Jahre
Höhe: 22 m
Umfang: 475 cm
Krone: 24 m
Besonderheiten: Die Winterlinde fällt durch ihre Krone auf, die breiter als hoch ist. Der Stamm ist von 0,5 bis 2 m Höhe etwa 50 cm breit offen.
Standort: 200 m westlich der Kirche, links an der Straße Waldkirchen – Gornau.

274 Zwei Linden in Rauenstein

Baumart: Linde
Alter: 300-350 Jahre
Höhe: 42 m
Umfang: 475 cm
Krone: 33 m
Besonderheiten: Sommerlinden mit besonders großen Kronen und auffallend vielen, senkrechten Trieben. Eine Linde ist ausgemauert und gestützt.
Standort: Schloßhof.

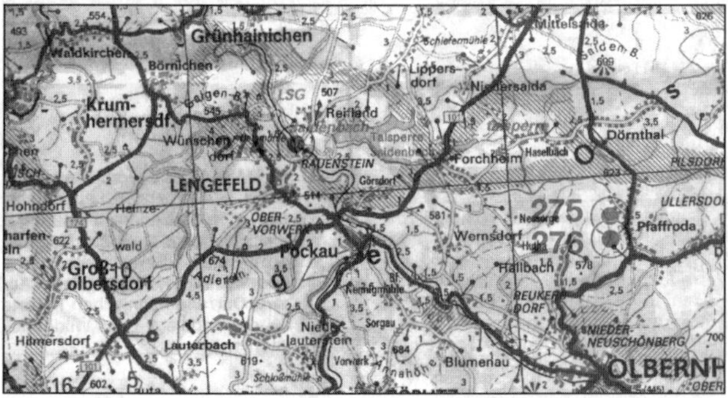

275 Hungereiche in Pfaffroda

Baumart: Eiche
Alter: 225 Jahre
Höhe: 24 m
Umfang: 520 cm
Krone: 24 m
Besonderheiten: Stieleiche, die sich regelrecht entfaltet. Name aus der Zeit der Hungersnöte, gepflanzt 1772, ehemalige Richtstätte.
Standort: Eingang zur Kleingartenanlage „Am Brauhaus", nördlich des Schlosses.

276 Lärchengruppe in Pfaffroda

Baumart: Lärche
Alter: 150-180 Jahre
Höhe: 40 m
Umfang: 370 cm
Krone: 12 m
Besonderheiten: Zwei Europäische

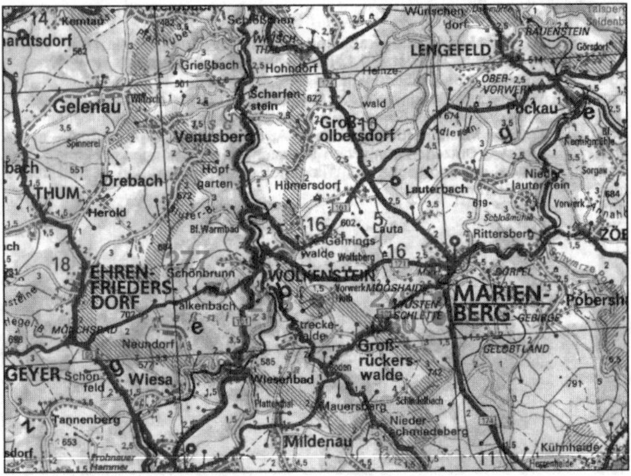

Lärchen mit gebogenen Stämmen und gutem Höhenwachstum.
Standort: Am Schloßteich.

277 Eiche in Warmbad

Baumart: Eiche
Alter: 300 Jahre
Höhe: 26 m
Umfang: 390 cm
Krone: 20 m
Besonderheiten: Stieleiche, die ihren Stamm in 2 m Höhe auflöst. Ungünstiger Standort.
Standort: südöstlich des Sanatoriums, am Freibad.

278 Linde in Gehringswalde – Vorwerk Huth

Baumart: Linde
Alter: 250-350 Jahre
Höhe: 26 m
Umfang: 485 cm
Krone: 21 m
Besonderheiten: Die Stieleiche bietet sich als Fotomotiv an. Der Stamm teilt sich in zahlreiche Achsen auf, die mit der Vielzahl ihrer Äste einen Spitzenhutpilz bilden.
Standort: Am Feldweg, 50 m westlich des Ortes.

279 Lindengruppe in Marienberg

Baumart: Linde
Alter: 220 Jahre
Höhe: 36 m
Umfang: 450 cm
Krone: 16 m
Besonderheiten: Zwei 1775 gepflanzte Sommerlinden mit verschiedenen Wuchsformen. Die stärkere ist zweistämmig.
Standort: Bergstraße 14 (Lindenhäusel aus dem 16. Jhdt.).

280 Linde in Marienberg

Baumart: Linde
Alter: 200-250 Jahre
Höhe: 33 m
Umfang: 460 cm
Krone: 24 m
Besonderheiten: Alleinstehende Sommerlinde, ab 4 m Höhe mehrfach gezwieselt.
Standort: Zwischen Äußerer Wolkensteiner Straße und Abfahrt zum Neubaugebiet Mühlberg, am Spielplatz.

281 Eiche in Olbernhau

Baumart: Eiche
Alter: 300-350 Jahre
Höhe: 23 m
Umfang: 395 cm
Krone: 24 m
Besonderheiten: Traubeneiche mit hoch angesetzter Krone und auffallend geschwungenen Ästen.
Standort: Am oberen Hüttentor der Seigerhütte.

282 Linde in Rübenau

Baumart: Linde
Alter: 300 Jahre
Höhe: 23 m
Umfang: 470 cm
Krone: 16 m
Besonderheiten: Winterlinde, mehrfach gezwieselt, mit stark geschwungenen steilen Ästen.
Standort: Am alten Forsthaus (Kriegwald).

283 Linde in Fröbersgrün

Baumart: Linde
Alter: 250-300 Jahre
Höhe: 27 m
Umfang: 385 cm
Krone: 13 m
Besonderheiten: Winterlinde mit voller, gleichmäßiger, bis auf den Boden reichender Krone.
Standort: 50 m nördlich der Kirche.

284 Douglasie im Triebtal

Baumart: Douglasie
Alter: 100 Jahre
Höhe: 40 m
Umfang: 320 cm
Krone: 12 m
Besonderheiten: Größte von mehreren stattlichen Douglasien.
Standort: Zwischen der Mauer der Talsperre Pöhl und der Mündung in die Elster.

285 Linde in Leubnitz

Baumart: Linde
Alter: 350-400 Jahre
Höhe: 24 m
Umfang: 560 cm
Krone: 14 m
Besonderheiten: Winterlinde mit mächtigem, stark drehwüchsigem Stamm. Kronenansatz in 8 m Höhe.
Standort: Dorfplatz, vor dem Pfarrhaus.

286 Eiche in Thoßfell

Baumart: Eiche
Alter: 300 Jahre
Höhe: 34 m
Umfang: 500 cm
Krone: 23 m
Besonderheiten: Starke, freistehende, langschäftige Stieleiche, sehr vital.

Standort: 350 m nördlich des Schloßparks.

287 Eiche in Kürbitz

Baumart: Eiche
Alter: 350-400 Jahre
Höhe: 21 m
Umfang: 460 cm
Krone: 24 m

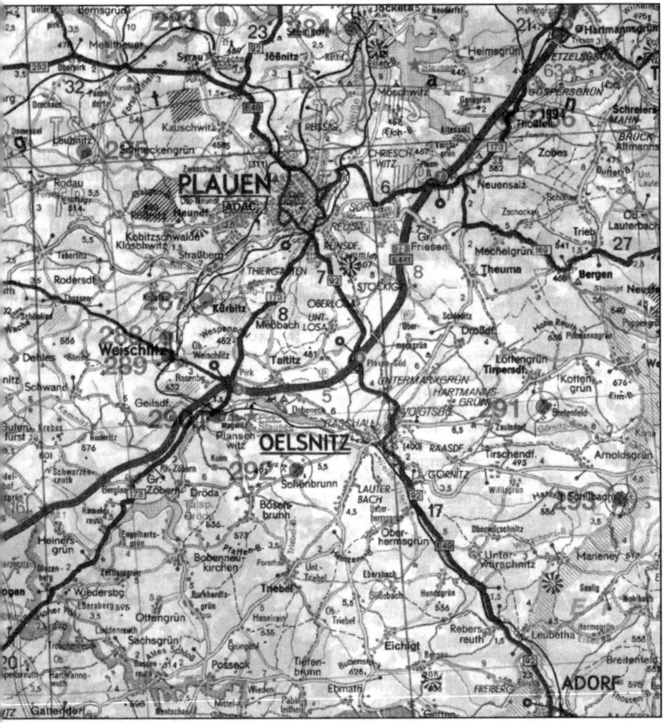

Besonderheiten: Die Traubeneiche ist breiter als hoch, voll beastet und belaubt, sehr kurzer Stamm.
Standort: Am Steinigtsberg.

288 Eiche bei Weischlitz

Baumart: Eiche
Alter: 400 Jahre
Höhe: 22 m
Umfang: 450 cm
Krone: 19 m
Besonderheiten: Traubeneiche mit starker, zerzauster Krone.
Standort: 500 m westlich des Ortes, auf dem Weg zum Hirtenpöhl.

289 Eiche bei Pirk

Baumart: Eiche
Alter: 500-600 Jahre
Höhe: 26 m
Umfang: 625 cm
Krone: 22 m
Besonderheiten: Traubeneiche mit wirren Aststellungen und geschwungenem, aufgerissenem Stamm.
Standort: 300 m südlich des Bahnhofs, an der B 173, links von Pirk.

290 Linde bei Planschwitz

Baumart: Linde
Alter: 200 Jahre
Höhe: 20 m
Umfang: 310 cm
Krone: 18 m
Besonderheiten: Die prächtige Winterlinde steht allein und unübersehbar auf einer Anhöhe.
Standort: 500 m östlich des Ortes.

291 Eiche in Brotenfeld

Baumart: Eiche
Alter: 180-200 Jahre
Höhe: 33 m
Umfang: 420 cm
Krone: 22 m
Besonderheiten: Stieleiche mit Kronenansatz in 8 m Höhe, wipfeldürr.
Standort: Am Forstamt Brotenfeld.

292 Eiche zwischen Schönbrunn und Lauterbach

Baumart: Eiche
Alter: 350-400 Jahre
Höhe: 24 m
Umfang: 495 cm
Krone: 30 m
Besonderheiten: Stieleiche mit ungewöhnlich breiter, baldachinartiger Krone.
Standort: Am Hillrücker Tälchen, an der Lichtlochhalde des ehemaligen Zinnbergbaues.

293 Eiche in Schilbach

Baumart: Eiche
Alter: 300 Jahre
Höhe: 25 m
Umfang: 425 cm
Krone: 26 m
Besonderheiten: Stieleiche mit breiter Krone.
Standort: Im nördlichen Ortsteil, am Schwimmbad.

294 Körner-Linde in Eichigt

Baumart: Linde
Alter: 500 Jahre
Höhe: 42 m
Umfang: 670 cm
Krone: 22 m
Besonderheiten: Mächtige Sommerlinde, Tiefzwiesel mit voller Krone. Am 9.6.1813 rastete unter der Linde

der junge Körner mit seinem Gefolge und schrieb einen Brief an Frau Priera.
Standort: 100 m westlich der Kirche.

295 Friedenseiche in Adorf

Baumart: Eiche
Alter: 350-400 Jahre
Höhe: 22 m
Umfang: 450 cm
Krone: 18 m
Besonderheiten: Vitale, vollbekronte Traubeneiche, die am Ende des Dreißigjährigen Krieges gepflanzt wurde.
Standort: Freiberger Straße, vor dem Freiberger Tor.

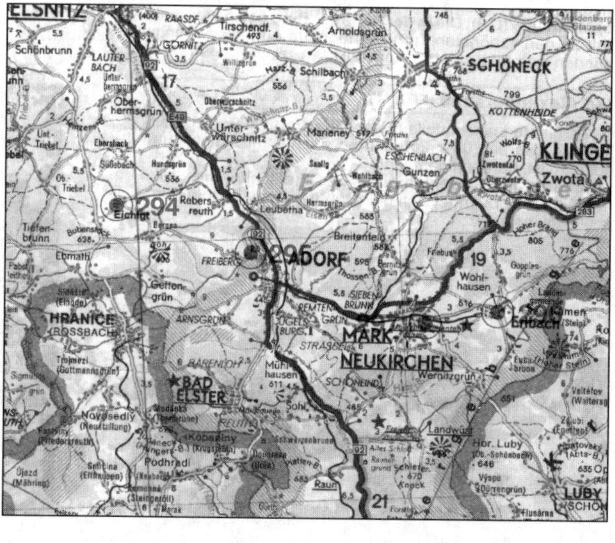

296 Linde in Erlbach

Baumart: Linde
Alter: über 400 Jahre
Höhe: 19 m
Umfang: 630 cm
Krone: 13 m
Besonderheiten: Dem starken, gedrehten, offenen Stamm der Winterlinde fehlt die alte Krone, die um 1820 durch einen Blitzschlag zerstört wurde.
Standort: Wirtsgrundweg 6, südlich der Klingenthaler Straße.

297 Tulpenbaum in Markneukirchen

Baumart: Tulpenbaum
Alter: 210 Jahre
Höhe: 20 m
Umfang: 265 cm
Krone: 14 m
Besonderheiten: Vitaler Baum, in der Nähe steht auch eine schöne Blutbuche.
Standort: Vorgarten des Musikinstrumenten-Museums.

298 Eiche in Neumark

Baumart: Eiche
Alter: 200-250 Jahre
Höhe: 25 m
Umfang: 390 cm
Krone: 25 m
Besonderheiten: Stieleiche mit voller, gesunder, starkastiger Krone, die in 6 m Höhe ansetzt.
Standort: Ecke Straße nach Werdau / Straße Bahnhofsberg.

299 Eiche bei Friesen

Baumart: Eiche
Alter: 500 Jahre
Höhe: 29 m
Umfang: 620 cm
Krone: 29 m
Besonderheiten: Stieleiche mit mehrschichtiger Krone und hohlem, ausgebranntem Stamm.
Standort: 500 m nördlich des Ortes, am Rande des Naturschutzgebietes.

300 Alte Linde in Irfersgrün

Baumart: Linde
Alter: 350 Jahre
Höhe: 28 m
Umfang: 530 cm
Krone: 27 m
Besonderheiten: Vitale Winterlinde mit großer Krone und kurzem, tiefgefurchtem Stamm.
Standort: Südlicher Ortseingang, Deichdamm.

301 Linde in Irfersgrün

Baumart: Linde
Alter: 200 Jahre
Höhe: 28 m
Umfang: 365 cm
Krone: 17 m

Besonderheiten: Sommerlinde mit hoher, tief angesetzter Krone.
Standort: Stangengrüner Straße 51.

302 Buche in Buchwald

Baumart: Buche
Alter: 200 Jahre
Höhe: 28 m
Umfang: 420 cm
Krone: 24 m
Besonderheiten: Schöne, ansprechende Wuchsform.
Standort: Feldstraße (Wolf).

303 Kandelaber-Linde in Pechtelsgrün

Baumart: Linde
Alter: 300-400 Jahre
Höhe: 30 m
Umfang: 620 cm
Krone: 23 m

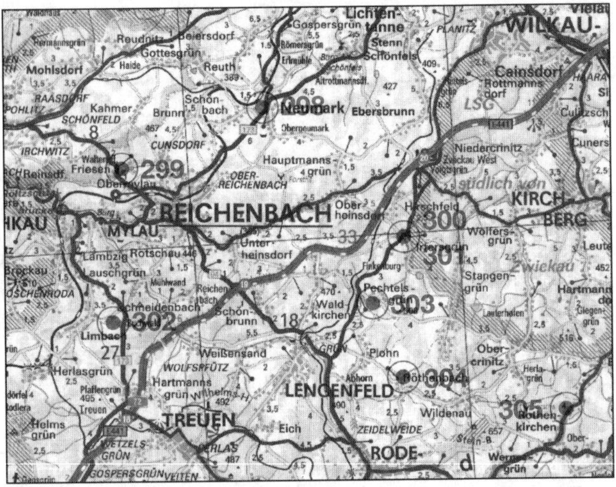

Besonderheiten: Den Namen trägt die Linde heute nicht mehr zu recht, weil der starke Seitenast abgebrochen ist. Der Stamm ist hohl, saniert. Standort: In der Nähe des Gasthofes an der Hauptstraße.

304 Linde in Röthenbach

Baumart: Linde
Alter: 200-250 Jahre
Höhe: 31 m
Umfang: 420 cm
Krone: 19 m
Besonderheiten: Sommerlinde mit

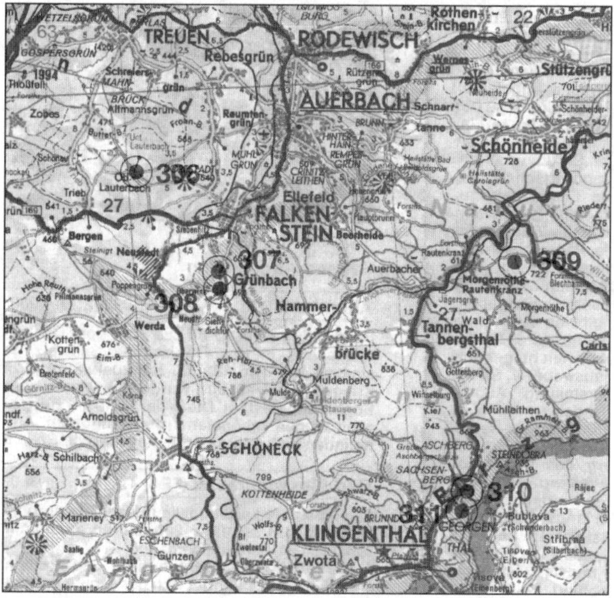

hochstehender Krone und beuligem Schaft.
Standort: Rodewicher Straße 5.

305 Linde in Rothenkirchen

Baumart: Linde
Alter: 250 Jahre
Höhe: 27 m
Umfang: 455 cm
Krone: 16 m
Besonderheiten: Winterlinde mit gesunder, voller Krone und beuligem Schaft.
Standort: Hauptstraße 59.

306 Linde in Oberlauterbach

Baumart: Linde
Alter: 250-300 Jahre
Höhe: 35 m
Umfang: 510 cm
Krone: 19 m
Besonderheiten: Winterlinde mit langem, walzenförmigem Stamm und hoher, guter Krone.
Standort: Neustädter Straße 5.

307 Buche in Grünbach

Baumart: Buche
Alter: 200 Jahre
Höhe: 29 m
Umfang: 480 cm
Krone: 25 m
Besonderheiten: Sehr gleichmäßíg und straußartig gewachsene, vitale Buche.
Standort: Falkensteiner Straße 18.

308 Alte Buche in Grünbach

Baumart: Buche
Alter: 250-300 Jahre
Höhe: 28 m
Umfang: 440 cm
Krone: 21 m

Besonderheiten: Buche, die in einer Höhenlage von 700 m eine erstaunlich gute Form und Leistung zeigt.
Standort: Pfannenstiel 29.

309 Fichten von Drei-Bächle-Rautenkranz

Baumart: Fichte
Alter: 180-210 Jahre
Höhe: 48 m
Umfang: 300 cm
Krone: 10 m
Besonderheiten: Urwüchsige, alte Fichten.
Standort: Gemarkung Morgenröthe-Rautenkranz, Abteilung 69 des Reviers Rautenkranz.

310 Eibe in Klingenthal

Baumart: Eibe
Alter: 100-200 Jahre
Höhe: 12 m
Umfang: --- cm
Krone: 11 m
Besonderheiten: Männliche Eibe. Mehrere Stämme sind zusammen aufgewachsen und formen einen immergrünen Baum, der Rathaus und Kirche verbindet.
Standort: An der Westseite des Rathauses.

311 Ahorn in Klingenthal

Baumart: Ahorn
Alter: 150-200 Jahre
Höhe: 25 m
Umfang: 340 cm
Krone: 15 m
Besonderheiten: Vieltriebiger, wüchsiger Bergahorn.
Standort: Auerbacher Straße, gegenüber dem Haus Nr. 250.

312 Gottfrieds-Linde in Bockau

Baumart: Linde
Alter: 250 Jahre
Höhe: 26 m
Umfang: 440 cm
Krone: 25 m
Besonderheiten: Sommerlinde mit wulstigem Stammfuß und tief angesetzter, großer Krone. Der Baum wurde von einem „Gottfried" gepflanzt.
Standort: Ortsmitte.

313 Linde in Schwarzenberg

Baumart: Linde
Alter: 300-400 Jahre
Höhe: 23 m
Umfang: 585 cm
Krone: 24 m
Besonderheiten: Sommerlinde mit eigenartigen Astformen und stark verwachsenem, hohlem Stamm.
Standort: Vor dem Ärztehaus im Stadtteil Heide.

314 Bühl-Buche bei Eibenstock

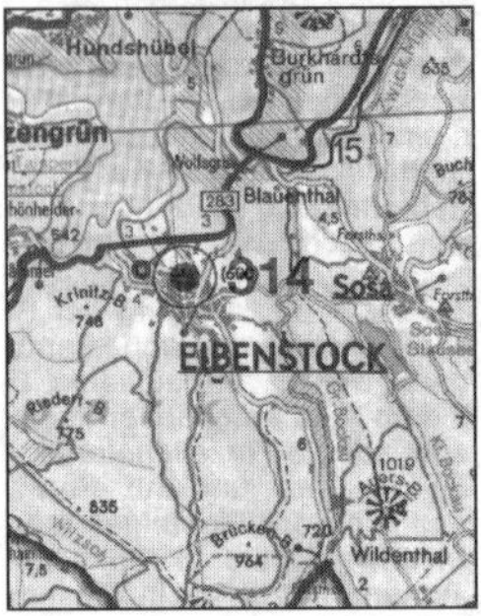

Baumart: Buche
Alter: 300-350 Jahre
Höhe: 22 m
Umfang: 565 cm
Krone: 23 m
Besonderheiten: Alte Buche, deren Mitteltrieb ausgebrochen ist. Die Bruchstelle ist durch ein Dach geschützt. Der offene Stamm ist saniert, mit Seilen gehalten. Verwachsungen an den Starkästen. „Bühl" = kleiner Hügel = Platz eines wendischen Gottes = Kultstätte.
Standort: 0,5 km nördlich des Ortes.

Baumart: Ulme
Alter: 300 Jahre
Höhe: 43 m
Umfang: 535 cm
Krone: 28 m
Besonderheiten: Mächtige Bergulme mit langem Schaft und in 8 m Höhe angesetzter, vitaler, gesunder Krone.
Standort: Karlsbader Straße, am Herrenhaus.

315 Ulme in Erla

Baumart: Linde
Alter: 300-400 Jahre
Höhe: 28 m
Umfang: 600 cm
Krone: 20 m
Besonderheiten: Sommerlinde, Tief-

316 Linde am Eduardstein bei Erla

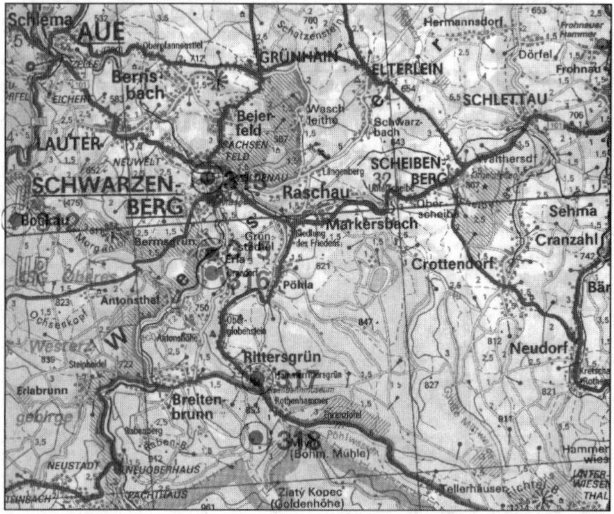

zwiesel am Steilhang, Pilzbefall, Stamm teilweise ausgemauert.
Standort: 500 m südlich des Bahnhofs.

317 Linde bei Rittersgrün-Arnolshammer

Baumart: Linde
Alter: 250-300 Jahre
Höhe: 35 m
Umfang: 470 cm
Krone: 19 m
Besonderheiten: Sommerlinde mit kurzem, starkem Stamm und zahlreichen, senkrecht wachsenden Baumachsen.
Standort: 1 km nördlich von Rittersgrün.

318 Weißtanne bei Rittersgrün

Baumart: Tanne
Alter: 200-250 Jahre
Höhe: 44 m
Umfang: 300 cm
Krone: 13 m
Besonderheiten: Sehr wüchsige Weißtanne, gesund und kraftvoll.
Standort: Im Wald, am Kranbächelweg, 2,5 km südlich von Rittersgrün ab Abzweig Halbmeiler-Straße. Höhe über NN = 760 m.

319 Weißtanne bei Carlsfeld

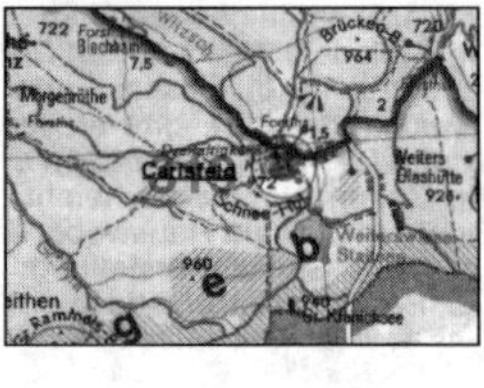

Baumart: Tanne
Alter: 200-250 Jahre
Höhe: 38 m
Umfang: 345 cm
Krone: 12 m
Besonderheiten: Vollbekronter Überhälter.
Standort: 3 km nordwestlich von Carlsfeld im Wald, an einem kleinen Bach. Höhe: 780 m/NN.

320 Gerichtseiche in Gelenau

Baumart: Eiche
Alter: 400-450 Jahre
Höhe: 30 m
Umfang: 610 cm
Krone: 30 m
Besonderheiten: Baum eines ehemaligen Lehnsgerichtes, gilt als stärkste Eiche des Kreises, Stieleiche mit riesiger, in 2,5 m mit drei Hauptachsen beginnender Krone.
Standort: Im Ort.

321 Buche im Abtwald bei Gelenau

Baumart: Buche
Alter: 200 Jahre
Höhe: 30 m
Umfang: 395 cm
Krone: 18 m
Besonderheiten: Der im unteren Abschnitt starke Stamm verjüngt sich außergewöhnlich bis zum hohen Kronenansatz in 12 m Höhe. Rastplatz im Jagdgebiet der Benediktiner-Abtei (1136-1541).

Standort: 2 km nordwestlich von Gelenau, 2 km östlich von Thalheim.

322 Buche bei Jahnsbach

Baumart: Buche
Alter: 180-220 Jahre
Höhe: 28 m
Umfang: 510 cm
Krone: 32 m
Besonderheiten: Auffallend breitkronige Buche, die sich kurz über dem Boden vielfach aufteilt.
Standort: 1 km westlich von Jahnsbach, am Waldrand, 495 m über NN.

323 Weißtanne im Stadtwald von Geyer

Baumart: Tanne
Alter: 200 Jahre
Höhe: 31 m
Umfang: 230 cm
Krone: 9 m
Besonderheiten: Überhälter in einem Fichtenbestand.
Standort: 4 km westlich Geyer, 3 km östlich Zwönitz. 735 m über NN.

324 Linde in Frohnau

Baumart: Linde
Alter: 350-450 Jahre
Höhe: 32 m
Umfang: 840 cm
Krone: 26 m
Besonderheiten: Dreitriebige Sommerlinde, saniert, teilweise ausgemauert, mit Halteseilen. Der Boden soll aufgefüllt worden sein.
Standort: Am Frohnauer Hammer.

325 Friedhofslinde in Annaberg

Baumart: Linde
Alter: 470 Jahre
Höhe: 28 m
Umfang: 780 cm
Krone: 19 m
Besonderheiten: Bizarre Wuchsform einer Sommerlinde. Sechs fast waagerechte Hauptäste, ein geradwüchsiger Mittelstamm, Halteseile. Soll etwa 1520 gepflanzt worden sein.
Standort: 50 m östlich der Kirche, auf dem Trinitatis-Friedhof.

326 Schloßlinde in Schlettau

Baumart: Linde
Alter: 300-400 Jahre
Höhe: 30 m
Umfang: 685 cm
Krone: 21 m
Besonderheiten: Winterlinde mit starkem Erstamm, der so aussieht, als seien vier Bäume zusammengewachsen. Das Schloß stammt aus dem 11./12.Jhdt.
Standort: Schloßpark, 50 m östlich des Schlosses.

327 Linde in Bärenstein-Stahlberg

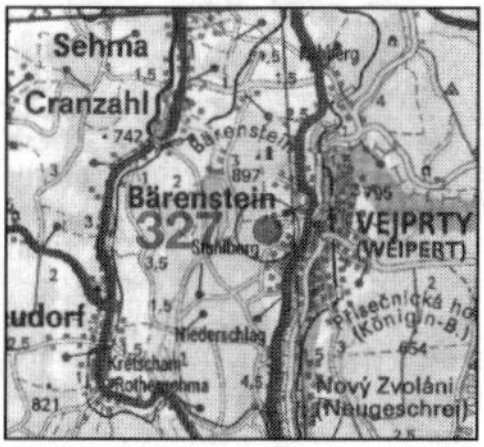

Baumart: Linde
Alter: 300 Jahre
Höhe: 25 m
Umfang: 390 cm
Krone: 19 m
Besonderheiten: Sechstriebige Winterlinde, wirkt wie mehrere, zusammengepflanzte Bäume.
Standort: 100 m westlich des Hauses Nr.29, 30 m nördlich der B 95. 80 m über NN.

Ortsregister mit Nummern der Bäume

Hilfe für alte Bäume

Untersuchungen haben gezeigt, daß das Wurzelwachstum der Altbäume von Natur aus schwächer ist und durch die zunehmende Versauerung der Böden zusätzlich stark beeinträchtigt wird. Hinzu kommt, daß alte Bäume ein tiefes Wurzelwerk besitzen, das bis in den Unterboden reicht. Gerade hier sind die Schadstoffe besonders konzentriert. Die Wurzeln im tieferen Bereich verkümmern und können so einen Großteil ihrer Funktionen nicht mehr erfüllen. Die Folge: Viele alte Bäume sterben frühzeitig.
Hilfe muß vor allem bei der Bodenverbesserung ansetzen. Im Anschluß an eine eingehende Bodenanalyse sind Wurzelraumbelüftung, Düngung, Erhöhung der Wasserspeicherfähigkeit und teilweise Bepflanzung des Traufbereiches die wichtigsten Maßnahmen.

Die Sorge um die alten Bäume führte am 7. Februar 1988 zur Gründung des Kuratoriums Alte liebenswerte Bäume in Deutschland e.V. Ziel des Kuratoriums ist die Rettung und Erhaltung alter liebenswerter Bäume, unseres Waldes und unserer Natur. Das Kuratorium arbeitet dabei eng mit der „Schutzgemeinschaft Deutscher Wald“ zusammen.

Maßnahmen zur Rettung alter Bäume können durch persönliche, gemeinsame und öffentliche Baumpatenschaften eingeleitet werden. Das Kuratorium veranlaßt eine Bodenuntersuchung, das Freistellen des Baumes, Belüftung des Wurzelraumes und Düngung in verschiedenen Tiefen und - wenn nötig - chirurgische Eingriffe.

Im nebenstehenden Bild ist eine Wurzelbehandlung schematisch dargestellt.

Werden Sie Baumpate, wenden Sie sich an das Kuratorium.

Literaturhinweise

Deutscher Heimatbund	Erfassung der historischen Gärten und Parks in der Bundesrepublik Deutschland, Bonn 1992
Freistaat Sachsen	Forstwirtschaft in Sachsen, Jahresbericht der Sächsischen Landesanstalt für Forsten 1993 Umwelt in Sachsen Landesentwicklung in Sachsen 1993 Besonders geschützte Biotope in Sachsen
Fröhlich, H. J.	Alte liebenswerte Bäume in Deutschland, C.Ahlering-Verlag, Hamburg 1989
Fröhlich, H. J.	Wege zu alten Bäumen, Band 1 – 10 wdv-Wirtschaftsdienst Frankfurt/Main 1990 – 1994
Lemke K.u.Müller H.	Naturdenkmale, Berlin 1988
N.N.	Naturdenkmale, veröffentlicht durch die jeweiligen Landkreise und Städte
Ohff, H.	Der grüne Fürst, München 1993
Tesche M.u.Vogel M.	Bemerkenswerte, hohe Bäume in der Sächsischen Schweiz

Bildnachweis

Friedel, S., Fröhlich, H. J., Obertreis, W., Schaal, W.

Buchreihe

In der Buchreihe "Wege zu alten Bäumen" sind bisher erschienen:

Bd. 1 Hessen 1990

Bd.2 Bayern 1991

Bd.3 Rheinland-Pfalz/Saarland 1991

Bd.4 Nordrhein-Westfalen 1992

Bd.5 Niedersachsen 1993

Bd.6 Schleswig-Holstein/Hamburg/Bremen 1994

Bd.7 Sachsen-Anhalt 1994

Bd.8 Brandenburg 1994

Bd.9 Mecklenburg-Vorpommern 1994

Bd. 10 Thüringen 1994

Bd. 11 Sachsen 1994

Weitere Bände folgen.

Sie können diese Bücher im Buchhandel oder direkt beim Verlag bestellen.

Bestelladresse:
WDV Wirtschaftsdienst
Vertrieb Touristik
Dieselstraße 36
63071 Offenbach

Mein besonderer Dank

soll die Arbeiten und die Unterstützung hervorheben, die Professor Dr.Manfred Tesche für die Bäume Sachsens geleistet hat. Als Ordinarius für Forstbotanik an der Forstlichen Fakultät in Tharandt und als Direktor des Forstbotanischen Gartens in Tharandt hat er sich viele Verdienste um die alten Bäume in Sachsen erworben, mich jahrelang auch schon vor der Wiedervereinigung vielfach unterstützt, mich auf Fahrten zu alten Bäumen begleitet und immer wieder neue Anregungen gegeben. Zahlreiche Veröffentlichungen widmen sich dem Wesen der Bäume.

Die unteren Naturschutzbehörden und auch die ehemaligen und jetzigen Naturschutzbeauftragten der Kreise haben überwiegend den Wert dieser Sammlung anerkannt und waren entsprechend hilfreich.

Die Forstverwaltung, an ihrer Spitze der Leiter der Sächsischen Landesforstverwaltung, Herr Ministerialdirigent Dr. Riedl, hat eine landesweite Erfassung alter Bäume in den Wäldern des Freistaates Sachsen durchgeführt. Viele Forstämter, vor allem viele Revierleiter haben sich lobenswert eingesetzt.

Wiederum bekam das Kuratorium zahlreiche Hinweise von West und Ost, für die wir besonders dankbar sind.

Wie in anderen neuen Bundesländern hat sich wiederum Dr. Siegfried Friedel mit bekannter Sorgfalt, Umsicht und Tatkraft der Aufnahme der alten Bäume gewidmet. Im Ostteil Sachsens war Herr Dipl. Forsting. F .H. Revierförster Schaal mit Erfolg eingesetzt. Er hat gut gearbeitet und hatte Freude an den Kostbarkeiten Sachsens. Ebenso war Walter Obertreis unermüdlich tätig, Bäume zu suchen, zu beschreiben, zu vermessen und anschließend computer- und kartenmäßig auszuwerten.

Den Helfern in der Geschäftsstelle, Frau Erika Münzel und Frau Rita Tettenborn gilt der anerkennende Dank für ihre vielseitigen und oft nicht leichten Arbeiten mit Registratur, Computer und Bürotechnik.

Das Gespann in München hat sich erfolgreich um die Wohlgestaltung des Buches bemüht. Frau Angelika Ehrnsperger, Herrn Dieter Strothmann und Herrn Michael Ewerbeck meine Anerkennung für ihren Einsatz.

Ohne das große Interesse des naturverbundenen Verlegers, Herrn Diether Kuhn, wdv-Verlag Frankfurt/Main und seines allgegenwärtigen Geschäftsführers, Herrn Adolf Hilger, hätten die Arbeiten in den neuen Bundesländern nicht abgeschlossen werden können. Sie scheuten weder Risiko noch Aufwand, sie wollten wieder den alten Bäumen helfen.

Mögen viele Menschen bei dem Besuch dieser Baumveteranen Freude und Lebenskraft gewinnen.

Wer einen weiteren Baum benennen will

____
(Land)

Name (falls bekannt): ____________________
(immer mit Ortsangabe z.B. „Kaisereiche bei Landshut“

Lage:

Regierungsbezirk: ____________________

Kreis: ____________________

Forstamt: ____________________

Gemarkung: ____________________

Kreis oder kreisfreie Stadt: ____________________

Beschreibung des Weges zum Baum und Kennzeichnung seines Standortes:

____

____

____

____

Sie können auch einen Kartenausschnitt mit eingezeichnetem Standort einsenden, das erleichtert das Auffinden.

Beschreibung des Baumes:

Alter geschätzt (s) oder gemessen (m): ____________________

Höhe in Metern geschätzt (s) oder gemessen (m): ____________________

Umfang in 1,3 m Höhe in Zentimetern:__________________

Kronendurchmesser im Mittel in Metern:__________________

Naturdenkmal (falls bekannt): ja / nein

Eigentümer: ______________________________

____

Besonderheiten des Baumes: (z.B. vollbekronter Solitär mit auffallend geschwungenen Ästen, Krankheiten)

____

____

____

Geschichte und Literatur (falls bekannt):

____

____

____

____